MPU

Was man wissen muss

Uwe Lenhart und Horst Ziegler

3. Auflage

So nutzen Sie dieses Buch

Die folgenden Elemente erleichtern Ihnen die Orientierung im Buch:

Beispiele

Hier finden Sie Beispiele, die den dargestellten Sachverhalt veranschaulichen.

Hier finden Sie zahlreiche Tipps und Hinweise.

Auf den Punkt gebracht

Am Ende jedes Kapitels finden Sie eine kurze Zusammenfassung des behandelten Themas.

Inhalt

Vorwort

Zum Thema „medizinisch-psychologische Untersuchung", kurz MPU, gibt es eine große Zahl an Vorurteilen sowie unsinnige und auch beängstigende Geschichten, die Betroffene und Interessierte immer wieder verunsichern und irritieren. Was stimmt wirklich? Was muss man erfüllen, um eine MPU zu bestehen? Muss man wirklich solche Angst haben oder liegt die Messlatte nicht eher sogar sehr niedrig? Ist das Ganze ein Glücksspiel und reine Willkür?

In diesem Buch sollen das notwendige Wissen und die relevanten Fakten auf den Punkt gebracht werden. Mithilfe des einen oder anderen Praxistipps können Sie unnötige Fehler und falsche Strategien vermeiden.

Der Ratgeber gibt nicht nur denjenigen Autofahrern, bei denen eine Fahreignungsbegutachtung angeordnet wurde, Tipps zum Bestehen. Vielmehr zeigen wir allen Verkehrsteilnehmern Lebensumstände auf, die daran zweifeln lassen, dass man zum Führen eines Fahrzeugs geeignet ist.

Man sollte die Bedingungen kennen, um die MPU bestehen zu können. Eine frühzeitige Vorbereitung durch Gespräche mit entsprechenden Experten (z. B. Psychologen und Ärzten) ist dabei oft Grundvoraussetzung.

Wenn man alle diese Faktoren kennt, ist das Bestehen einer MPU kein „Glücksspiel" mehr, vor dem man Angst haben muss, sondern die MPU ist transparent, berechenbar und fair. Sie kann für den Einzelnen eine wichtige Hilfestellung für sein zukünftiges Verhalten im Straßenverkehr sowie für sein gesamtes Leben sein.

Uwe Lenhart und Horst Ziegler

Wissenswertes rund um die MPU

MPU heißt: Begutachtung der Fahreignung

Bei der MPU geht es im Wesentlichen um die Erfassung und die Einschätzung der persönlichen Fahreignung von Personen, die am Straßenverkehr teilnehmen wollen. Die Eignung zum Führen von Kraftfahrzeugen umfasst

- die körperliche und geistige Fahrtauglichkeit sowie
- die charakterliche Zuverlässigkeit.

Die Eignung zum Führen von Kraftfahrzeugen kann aufgrund körperlicher, geistiger oder charakterlicher (sittlicher) Mängel beschränkt oder ausgeschlossen werden.

Die Erstellung eines Gutachtens über die Fahreignung dient der Fahrerlaubnisbehörde dazu, über die Entziehung, Beschränkung oder Neuerteilung der Fahrerlaubnis entscheiden zu können. Sobald der Behörde Tatsachen bekannt werden, die sie an der Eignung des Fahrerlaubnisinhabers zum Führen von Kraftfahrzeugen zweifeln lassen, muss sie diesen nachgehen. Sie ordnet entweder die Vorlage einer ärztlichen Untersuchung oder einer MPU an.

- Die ärztliche Beurteilung der Fahreignung kommt vor allem bei Bedenken im Hinblick auf ein besonderes körperliches oder geistiges Leiden in Betracht.
- Das Gutachten eines Facharztes wird in der Regel bei auf bekannt gewordenen Tatsachen beruhenden Bedenken gegen die allgemeine körperliche Eignung gefordert.

Die Fahrerlaubnisbehörde kann auch die Vorlage des Gutachtens eines amtlich anerkannten Sachverständigen oder Prüfers für den Kraftfahrzeugverkehr anordnen. Dies kommt in Betracht, wenn zu klären ist, inwieweit körperliche Beeinträchtigungen durch technische Einrichtungen ausgeglichen werden können.

Ist die Fahrerlaubnis durch ein Gericht, z. B. wegen einer Trunkenheitsfahrt, oder durch die Fahrerlaubnisbehörde, z. B. wegen Erreichens oder Überschreitens der 8-Punkte-Grenze, entzogen worden, erteilt die Behörde nach Ablauf einer entsprechenden Sperrfrist nicht ohne Weiteres eine neue Fahrerlaubnis. Bei bestimmten Gründen für die Fahrerlaubnisentziehung – z. B. Trunkenheitsfahrt mit 1,6 oder mehr Promille Blutalkoholkonzentration – besteht die Vermutung, dass die Person auch weiterhin nicht zum Führen eines Kraftfahrzeugs geeignet ist. Die Behörde gibt dem Fahrerlaubnisinhaber bzw. Antragsteller die Möglichkeit, sie davon zu überzeugen, dass Eignung gleichwohl besteht oder mittlerweile wieder besteht.

Die Behörde formuliert konkrete Fragestellungen wie z. B.:

- Ist zu erwarten, dass der zu Untersuchende auch zukünftig unter Alkoholeinfluss fahren wird?
- Liegen als Folge eines unkontrollierten Alkoholkonsums Beeinträchtigungen vor, die das sichere Führen eines Kraftfahrzeugs infrage stellen?

Im Gegensatz zur Überführung von Verkehrssündern wegen Ordnungswidrigkeiten oder Straftaten – hier muss der Staat für eine Verurteilung nachweisen, dass ordnungswidriges oder strafbares Verhalten begangen wurde – kommt es im Fahrerlaubnisrecht zu einer Beweislastumkehr: Der

Fahrerlaubnisinhaber oder Antragsteller muss bzw. darf die Behörde davon überzeugen, dass Eignung besteht oder mittlerweile wieder besteht. Gelingt ihm dies nicht, wird die Fahrerlaubnis entzogen oder – im Falle vorangegangener Entziehung – der Antrag auf Neuerteilung der Fahrerlaubnis abgelehnt. Weigert man sich, das – begründet – angeordnete Gutachten vorzulegen, darf die Behörde auf Ungeeignetheit zum Führen von Kraftfahrzeugen schließen. Dann wird davon ausgegangen, dass der Fahrerlaubnisinhaber seine Ungeeignetheit verbergen möchte.

Eine MPU bietet damit Schutz und Chance:

- Auf der einen Seite müssen andere Verkehrsteilnehmer geschützt werden, wenn sich ein Fahrer als ungeeignet erwiesen hat: Ein solcher Fahrer darf so lange nicht fahren, bis er seine Fahreignung wieder nachgewiesen hat.
- Auf der anderen Seite bietet die MPU die individuelle Chance für jeden Einzelnen, seine Fahreignung unter Beweis zu stellen und damit wieder eine Fahrerlaubnis zu bekommen.

In der MPU werden deshalb auch keine Beweise für die Ungeeignetheit gesucht, sondern Argumente für eine Entlastung und für die Bewertung, ob in der Zukunft damit gerechnet werden darf, dass es nicht mehr zu Verkehrsauffälligkeiten kommt.

Die Entscheidung darüber, ob Eignung vorliegt, trifft die Fahrerlaubnisbehörde und die MPU dient ihr als Unterstützung bzw. Hilfsmittel: Denn die Behörde verfügt nicht über die notwendige Fachkenntnis, um über die Wahrscheinlichkeit einer erneuten Auffälligkeit entscheiden zu können.

Begutachtungsstellen für Fahreignung

Damit sichergestellt ist, dass die gutachterlichen Bewertungen mit der entsprechenden Sach- und Fachkenntnis erfolgen, dürfen medizinisch-psychologische Gutachten/ Untersuchungen nur von speziellen Begutachtungsstellen für Fahreignung (BfF) erstellt werden. Sie erhalten eine amtliche Anerkennung, die in der Fahrerlaubnis-Verordnung (FeV) in § 66 und in der Anlage 14 geregelt ist (https://www.gesetze-im-internet.de/fev_2010). Die Anerkennungsvoraussetzungen werden durch die Bundesanstalt für Straßenwesen (BASt) geprüft. Die Anforderungen an eine Anerkennung durch die zuständige Landesbehörde sind in einer amtlichen Richtlinie festgehalten, die im Verkehrsblatt (VkBl. S. 110) in Heft 3/2014 am 27.1.2014 veröffentlicht wurde, zuletzt geändert durch Verlautbarung vom 28.5.2020 VkBl. S. 326 (https://www.verkehrsblatt.de oder https://www.bast.de/VerhaltenundSicherheit/Qualitätsbewertung/Begutachtung).

Auf der Homepage der BASt (https://www.bast.de) findet sich auch unter dem Punkt „Verhalten und Sicherheit" eine Liste der gegenwärtig 13 akkreditierten und anerkannten Träger von Begutachtungsstellen in Deutschland. Ebenso findet man dort eine Liste der gegenwärtig etwa 260 Begutachtungsstellen in Deutschland, die nach Träger und nach Postleitzahlen geordnet ist und regelmäßig aktualisiert wird.

Rechtliche Vorgaben an die MPU

Die fachlich-inhaltlichen Anforderungen an die Durchführung der MPU und die Erstellung der Gutachten sowie die Grundsätze für die Durchführung der Untersuchung sind in der Fahrerlaubnis-Verordnung (FeV) in der Anlage 4 und 4a definiert. Das Gutachten ist demnach unter Beachtung folgender Grundsätze zu erstellen:

- Das Gutachten muss in allgemein verständlicher Sprache abgefasst sowie nachvollziehbar und nachprüfbar sein. Die Nachvollziehbarkeit betrifft die logische Ordnung (Schlüssigkeit) des Gutachtens. Sie erfordert die Wiedergabe aller wesentlichen Befunde und die Darstellung der Schlussfolgerungen, die zur Beurteilung führen. Die Nachprüfbarkeit betrifft die Wissenschaftlichkeit der Begutachtung. Sie erfordert, dass die Untersuchungsverfahren, die zu den Befunden geführt haben, angegeben und, soweit die Schlussfolgerungen auf Forschungsergebnisse gestützt sind, die Quellen genannt werden. Das Gutachten muss aber nicht im Einzelnen die wissenschaftlichen Grundlagen für die Erhebung und Interpretation der Befunde wiedergeben.
- Das Gutachten muss in allen wesentlichen Punkten insbesondere im Hinblick auf die gestellten Fragen vollständig sein. Der Umfang eines Gutachtens richtet sich nach der Befundlage. Bei eindeutiger Befundlage wird das Gutachten knapper, bei komplizierter Befundlage ausführlicher formuliert.
- Im Gutachten müssen die Vorgeschichte und der gegenwärtige Befund getrennt dargestellt werden.

Weitere grundsätzliche rechtliche und fachliche Rahmenbedingungen und Vorgaben für die Durchführung der MPU sind in den „Begutachtungsleitlinien zur Kraftfahreignung" definiert, die durch die Bundesanstalt für Straßenwesen (BASt) erstellt und aktualisiert werden. Die Beurteilungsleitlinien mit den notwendigen fachlichen Kommentierungen sind dazu gut in der entsprechenden Fachliteratur nachzulesen.

Die speziellen Beurteilungskriterien für die einzelnen Fallgruppen, die als Maßstab für die Bewertung durch die Gutachter anzuwenden sind und die durch die Landesbehörden als einheitlicher fachlicher Rahmen festgelegt sind, werden von den zuständigen Fachgesellschaften (Deutsche Gesellschaft für Verkehrspsychologie e. V. – DGVP und Deutsche Gesellschaft für Verkehrsmedizin e. V. – DGVM) kontinuierlich weiterentwickelt und angepasst. Auch diese Kriterien können detailliert nachverfolgt werden (siehe Kapitel Fachliteratur).

Kosten einer MPU

Die Kosten einer MPU waren bis 8/2018 an die Gebührenordnung für Maßnahmen im Straßenverkehr (GebOSt) gebunden und für jede Fragestellung festgelegt. Da die Preise für eine MPU seit etlichen Jahren nicht mehr erhöht worden waren und für die Träger von Begutachtungsstellen eine MPU nicht mehr kostendeckend durchgeführt werden konnten, wurde diese Bindung vom Gesetzgeber aufgehoben und die Träger können seither die Preise nach eigenem Ermessen festlegen. Beispielhaft werden einige Fragestellungen und die entstehenden Kosten in der folgenden Tabelle dargestellt. Die Preise schwanken je nach Aufwand und Träger bzw. Anbieter und können bei einzelnen Begutachtungsstellen auch deutlich über den dargestellten Preisen liegen. In den meisten Fällen liegen die Preise jedoch in diesen Größenordnungen. Es lohnt sich damit durchaus, sich vor der Beauftragung über die jeweiligen Preise bei den Begutachtungsstellen zu informieren:

Kosten der MPU wegen:	in EUR
Alkohol	ca. 600–800
Drogen/Medikamente/BtM	ca. 770–900
Verkehrsauffälligkeiten (Punkte)	ca. 570–700
Straftaten	ca. 570–700
körperlicher und geistiger Beeinträchtigungen	ca. 600–700
neurologischer/psychiatrischer Beeinträchtigungen	ca. 650–750

Zu diesen Kosten kommen noch zusätzliche hinzu!

Die in der Tabelle angegebenen Kosten sind in der Regel inklusive der jeweiligen MwSt. Je nach Träger/Anbieter können auch noch Kosten von 20–25 EUR für eine Zweitschrift auf kopiergeschütztem Spezialpapier hinzukommen.

Bei den Drogen- und Medikamentenfragestellungen sind die Preise höher, da zusätzlich noch die Kosten für notwendige Laboruntersuchungen hinzukommen.

Wird innerhalb der MPU noch eine Haaranalyse notwendig, um zusätzliche Abstinenzdokumentationen zu erbringen, werden diese Kosten unter Umständen ebenfalls noch zusätzlich fällig. Diese liegen je nach Träger/Anbieter unterschiedlich hoch, wobei man auch hier zwischen 250 und 300 EUR rechnen muss.

Liegen zwei oder mehrere Fragestellungen vor, steigen die Kosten durch den erhöhten Aufwand noch einmal deutlich. Bei den gängigen doppelten Fragestellungen ergeben sich dann Summen von etwa 1.050 bis 1.250 EUR. Bei dreifachen Fragestellungen stiegen die Kosten unter Umständen noch höher.

Wird eine psychologische Fahrverhaltensbeobachtung aufgrund von problematischen Leistungsbefunden in der MPU fällig, muss man hier noch mit etwa 300 bis 400 EUR Zusatzkosten rechnen, die an die Begutachtungsstelle gehen. Weitere Kosten für den Fahrschulwagen mit dem Fahrlehrer kommen noch zusätzlich dazu sowie die Kosten für die Fahrstunden zur Vorbereitung auf die Fahrverhaltensbeobachtung.

Muss man einen vereidigten Dolmetscher zur MPU hinzuziehen, fallen ebenfalls Zusatzkosten an. Einige Begutachtungsstellen haben hier günstige Angebote und übernehmen die Organisation und Einbestellung der Dolmetscher.

Wie viele MPU gibt es pro Jahr?

Im Jahr 2022 wurden insgesamt 87.029 MPU durchgeführt – aus folgenden Gründen:

- Mit 36,0 % bildeten die Alkohol-Fragestellungen die größte Gruppe der MPU-Gutachten, wobei der größere Anteil der zu begutachtenden Klienten (24,8 %) erstmalig mit Alkohol aufgefallen war;
- die drogen- und medikamentenbezogenen Untersuchungsanlässe bilden mit 35,7 % die zweitgrößte Gruppe;
- danach kamen die „Verkehrsauffälligkeiten ohne Alkohol" (15,3 %);
- Personen mit körperlichen und/oder geistigen Mängeln waren mit etwa 0,4 % vertreten;
- sämtliche übrige Anlässe ergaben für das Jahr 2022 in der Summe 12,6 %.

Gemessen an der Gesamtzahl aller fahrberechtigten Verkehrsteilnehmer betrifft eine MPU nur eine sehr kleine Gruppe von Kraftfahrern. Im Jahr 2022 mussten sich damit lediglich ca. 0,16 % der rund 57,68 Millionen Fahrerlaubnisinhaber einer MPU unterziehen. Dieser Zahlen sollte man sich bewusst sein, wenn eine MPU absolviert werden muss.

Auf den Punkt gebracht

Als Betroffener einer MPU gehört man zu einer sehr kleinen Minderheit. Das sollte man sich klar machen und überlegen, wo die Hintergründe und Ursachen für diese Situation liegen könnten.

MPU-Ergebnisse in Deutschland 2022

Für das Jahr 2022 sind für die wichtigsten Fallgruppen folgenden Zahlen an die Bundesanstalt für Straßenwesen (BASt) gemeldet worden:

Fallgruppe	geeignet	§-70-nachschulungsfähig	ungeeignet
Alkohol erstmalig	53,2 %	7,9 %	38,9 %
Alkohol wiederholt	44,9 %	5,9 %	49,2 %
Drogen + Medikamente	59,2 %	5,3 %	35,6 %
Verkehrsdelikte	58,0 %	0,1 %	41,9 %
Strafdelikte	57,6 %	0,1 %	42,4 %
Alkohol-, Verkehrs- und Strafdelikte	49,7 %	4,2 %	46,1 %
Alkohol- und Drogendelikte	55,5 %	4,3 %	40,2 %

Die Ergebnisse der MPU zeigen, dass die oft kolportierten Zahlen über extrem hohe Durchfallquoten nicht stimmen. Über alle Fallgruppen gerechnet bedeutet das:

- 57,3 % der MPU-Teilnehmer erreichen ein positives Ergebnis und werden als geeignet eingestuft.
- 4,4 % bekommen eine Nachschulungsempfehlung für einen Kurs nach § 70 Fahrerlaubnis-Verordnung und können

innerhalb eines überschaubaren Zeitraumes nach erfolgreicher Beendigung dieser Maßnahmen ebenfalls wieder die Fahrerlaubnis erhalten.

- Nur 38,2 % werden als ungeeignet eingestuft und müssen danach wieder eine MPU machen, um die Fahrerlaubnis zu erhalten.

Bedenkt man, dass eine MPU-Anordnung nicht ohne Grund erfolgt, und dass oft eine große Gefahr für erneute Auffälligkeit im Verkehr vorliegt – weshalb ja eine MPU angeordnet wurde – scheint die Zahl ungeeigneter Personen eher nicht so hoch auszufallen. Wenn man also hört und liest, dass extrem viele Personen an einer MPU scheitern, sollte man aufmerksam betrachten, worauf sich die Daten stützen und welchen Zweck solche Zahlen erfüllen sollen.

In der Praxis hört man von Durchfallquoten von 70–80 % bei einer erstmaligen MPU-Begutachtung. Ob jemand zum ersten oder wiederholten Mal zu einer MPU antritt, kann aber von den Trägern gar nicht erhoben werden. Einige Betroffene wechseln beim zweiten Versuch zu anderen Begutachtungsstellen oder geben das Ergebnis ihrer Erstbegutachtung nicht an die Fahrerlaubnisbehörden weiter, sodass es auch nicht Bestandteil der Führerscheinakte ist. Es gibt also nur die Ergebnisse je Fallgruppe pro Jahr, ohne Bezug darauf, ob man eine Erstbegutachtung oder eine wiederholte MPU-Begutachtung gemacht hat.

Weshalb werden also trotzdem immer wieder Fantasiezahlen berichtet? Dazu gibt es mehrere Erklärungsansätze:

- Häufig versuchen MPU-Teilnehmer, die ein negatives Ergebnis bekommen haben, sich mit solchen Zahlen zu erklären und zu entschuldigen. Wenn sowieso fast jeder durchfällt und man gar keine Chance hat, bin ich vor mir selbst und meiner Umgebung auch entschuldigt.

- Die Medien greifen solche Informationen gerne auf, um über „vermeintliche Missstände" berichten zu können, ohne dass der Hintergrund sauber recherchiert wird.
- Außerdem gibt es einen Trend – um nicht zu sagen eine Strategie – bei unseriösen MPU-Vorbereitern, zu versuchen, so viel Angst vor der MPU zu machen, dass der Betroffene bereit ist, viel Geld für die Angebote zu zahlen, da er ja sonst gar keine Chance hat, seine Fahrerlaubnis wiederzubekommen.

Betroffene brauchen sich nicht vor vermeintlich hohen Durchfallzahlen zu fürchten. Die realen Zahlen liegen deutlich niedriger und die MPU zu bestehen ist kein Hexenwerk, das man nur mit teuren Vorbereitungsmaßnahmen bestehen kann.

Wirksamkeitsergebnisse der MPU

Im Jahr 2010 wurde durch den TÜV-Verband und den darin zusammengeschlossenen Trägern von amtlich anerkannten Begutachtungsstellen zusammen mit der Uni Bonn eine Studie zur Bewährung von einmalig und wiederholt mit Alkohol im Straßenverkehr auffällig gewordenen Kraftfahrern nach einer MPU durchgeführt. Untersucht wurde die Verkehrsbewährung von 1.600 Personen, die zwischen November 2005 und Oktober 2006 eine MPU in den beteiligten Organisationen absolvierten. Das Ergebnis wurde über einen

Zeitraum von drei Jahren anhand von Eintragungen aus dem Verkehrszentralregister, dem Vorläufer des heutigen Fahreignungsregisters (FAER), beim Kraftfahrt-Bundesamt (KBA) überprüft. Die alkoholauffälligen Fahrer mit MPU-Teilnahme wurden mit Fahrern verglichen, die im gleichen Zeitraum nur mit einer Ordnungswidrigkeit (Alkoholfahrt unter 1,1 Promille) aufgefallen waren und nach einem einmonatigen Fahrverbot wieder fahren durften, ohne eine MPU machen zu müssen.

Bei Auswertung der Ergebnisse zeigte sich, dass sich die Rückfallquote aller betrachteten MPU-Fallgruppen, die noch einmal in unterschiedliche Untergruppen aufgeteilt waren (positiv und Kursempfehlung nach § 70 FeV sowie erstmalig und wiederholt auffällige Fahrer), sich weder untereinander noch von den Rückfallquoten der Ordnungswidrigkeiten-Gruppe (OWi) wesentlich unterschieden. Die MPU-Gruppen haben also nicht schlechter abgeschnitten als die OWi-Gruppe, die ja keine MPU machen musste, weil hier keine besondere Rückfallgefahr angenommen wird. Im Einzelnen zeigten die Gruppen folgende Rückfallergebnisse:

		Alkohol	
		Erstauffällig	Wiederholt
MPU	**positiv**	**6,5 % (21/325)**	**8,3 % (27/326)**
	§ 70	**8,0 % (25/312)**	**6,8 % (20/296)**
OWi		8,2 % (261/3180)	–

Anordnung einer MPU: Der Betroffene hat ein echtes Problem

Das Problem Alkohol

Wer im Rahmen des „sozial Üblichen" trinkt, erreicht Blutalkoholkonzentrationen von 1–1,3 Promille – und ist dann schon ordentlich betrunken. Blutalkoholkonzentrationen von 1,5 und mehr Promille erreichen (und dann noch Auto fahren) nur diejenigen, die „gut im Training" sind, also regelmäßig über einen längeren Zeitraum große und deutlich über dem sozialen Maß liegende Mengen zu sich nehmen.

Eine Analogie zum Sport illustriert diese Problematik anschaulich: Nehmen wir einen Marathonlauf: Ohne entsprechendes Training startet man und nach wenigen Kilometern wird man erschöpft und total kaputt aufhören und stehen bleiben. Nur ein gut trainierter Läufer ist überhaupt in der Lage, einen Marathonlauf zu beenden. Je besser er trainiert ist, umso leichter steckt er die enormen Belastungen weg. Das Training für einen solchen Marathonlauf kann ganz unterschiedlich aussehen. Man kann jeden Tag trainieren und laufen, man kann seine Laufeinheiten aber auch komprimieren und an bestimmten Tagen besonders viel trainieren. Ohne eine gewisse Größenordnung schafft man jedoch nicht die Grundlage dafür, einen solchen Lauf absolvieren zu können.

Eine sehr hohe Trinkmenge, die 1,6 Promille und mehr entspricht, stellt – ähnlich einem Marathonlauf – eine riesige körperliche Belastung dar. Ein untrainierter Alkoholtrinker hört deutlich unter einem Promille auf zu trinken, weil er sich körperlich sehr unwohl fühlt. Die Personen, die wegen einer Alkoholauffälligkeit mit hoher Promillezahl zu einer MPU müssen, sind keine normalen Gelegenheitskonsumenten, die mal zum Essen oder bei einer Feier ein paar Gläser Bier oder Wein mehr als üblich zu sich nehmen.

Auf den Punkt gebracht

Bei einer Alkohol-MPU sollte sich jeder klar darüber sein, dass sein bisheriger Alkoholkonsum keine „normale" Größenordnung hatte!

Das Problem Cannabis

Bei dem Konsum von „harten Drogen", wie Heroin, Kokain, XTC, Crystal Meth usw. dürfte die Gefährlichkeit eines regelmäßigen oder gar abhängigen Konsums generell und auch die Gefährlichkeit der Teilnahme am Straßenverkehr unter diesen Drogen relativ klar sein und keine großen Diskussionen über die Sinnhaftigkeit einer Überprüfung der Fahreignung ergeben. Bei dem Konsum von „weichen Drogen" wie Cannabis kommt es jedoch schon häufiger zu Argumenten, dass der Cannabiskonsum weit weniger gefährlich sei als der Alkoholkonsum und Cannabiskonsumenten sogar eher vorsichtiger und langsamer im Verkehr unterwegs wären. Im Gegensatz dazu steigen die Zahlen an MPU-Fällen mit dem Anlass Cannabiskonsum seit Jahren sehr deutlich. In Deutschland kann man ab einer Menge von 1 ng/ml THC (Tetrahydrocannabinol, der rauschwirksame Bestandteil im Cannabis) im Serum (Blutprobe) von den Fahrerlaubnisbehörden zu weiteren Maßnahmen wie einem ärztlichen

Gutachten oder einer MPU aufgefordert werden, um seine Fahrerlaubnis zu behalten oder wieder zu bekommen. Hierzu gibt es höchstrichterliche Rechtsprechung, die diese Grenze festlegt. Hier ist zwar seit Jahren eine Diskussion auch unter Fachleuten im Gange, diese Grenze etwas anzuheben. Hier wird aktuell ein Wert in der Höhe von etwa 3 ng/ml und aufwärts diskutiert. Von Seiten des Gesetzgebers erfolgen immer wieder Abstimmungen mit Fachexperten zu der Frage einer Heraufsetzung des Grenzwertes, gegenwärtig sind jedoch noch keine konkreten Maßnahmen zu erkennen, die eine Erhöhung der bisherigen Grenze erwarten lassen. Insbesondere im Zusammenhang mit der angedachten Legalisierung von Cannabiskonsum können aber weitere Schritte in dieser Richtung möglich sein.

Zu der Frage, ab wann man relevante Auswirkungen eines Cannabiskonsums finden kann, die sich negativ auf die Fahrleistung auswirken, gibt es unterschiedliche wissenschaftliche Ergebnisse. Schon ab 1–2 ng/ml THC gibt es jedoch wissenschaftliche Ergebnisse zu relevanten Auswirkungen auf das Fahren. Der Gesetzgeber und die obersten Gerichte müssen aber zum Schutze der Verkehrssicherheit die möglichen Risiken, soweit es geht, reduzieren und setzen einen engen Rahmen, indem sie sich an diesen Ergebnissen orientieren.

Cannabiskonsum beeinflusst sehr deutlich das Urteilsvermögen, die motorische Koordination und das Reaktionsvermögen. Der Konsum von Cannabis und das Fahren muss deshalb strikt getrennt werden. Dazu sind regelmäßige Konsumenten nicht mehr in der Lage, da sich die Wirkzeiten des THC entsprechend lange hinziehen. Einen regelmäßigen Cannabis-Konsum kann man mit einem zusätzlichen Marker der THC-Carbonsäure (THC-COOH-Wert) im Blutserum sehr gut erfassen. Dieser Wert wird oftmals bei der Bewertung der Straßenverkehrsbehörden herangezogen, um weitere Maßnahmen zu begründen und einzuleiten. Insbesondere in NRW fordern beispielsweise die Behörden die kurzfristige Vorlage dieses THC-COOH-Wertes an, wenn Cannabisauffälligkeiten vorliegen. Ab 75 ng/ml wird von einem regelmäßigen Konsum ausgegangen. Wenn die Blutprobe nur wenige Stunden nach einem Konsum durchgeführt wird und der Wert ebenfalls erfasst wurde, kann ab 150 ng/ml der regelmäßige Konsum als gesichert angenommen werden und die Verkehrsbehörden werden entsprechend aktiv.

Ein seltener gelegentlicher Konsum, kann unter Umständen noch akzeptiert werden, wenn eine mögliche Teilnahme am Straßenverkehr unter dem Einfluss von THC ausgeschlossen werden kann. Die dazu notwendigen, passenden Strategien und Vorgehensweisen wie auch das nur gelegentliche Konsummuster müssen in einer MPU gut nachvollziehbar sein und deren konsequente Umsetzung glaubhaft gemacht werden. Das seltene Konsummuster muss dazu auch belegt werden, gegebenenfalls mit Laborergebnissen aus Urin- und Haaranalysen. Dies ist in vielen Fällen sehr schwierig und gelingt oftmals nicht ausreichend.

Auf den Punkt gebracht

Auch die gegenwärtige Diskussion zu einer möglichen Legalisierung des Cannabiskonsums ändert nichts an der Notwendigkeit und dem Problem der konsequenten Trennung zwischen Konsum und Fahren. Auch der gelegentliche Cannabiskonsum kann bei der Teilnahme am Straßenverkehr ein erhebliches Problem werden und große Gefährdungsrisiken mit sich bringen. Die Cannabiswirkung hat erhebliche Auswirkungen auf die Fahrtüchtigkeit. Regelmäßige Cannabiskonsumenten sind dabei besonders problematisch und durch den Dauerkonsum kann auch keine konsequente Trennung von Konsum und Fahren umgesetzt werden. Sie stellen eine ganz besondere Problemgruppe für die Sicherheit des Straßenverkehrs dar, und es stellt sich deshalb auch in der Konsequenz die Frage nach der Fahreignung. Wer mit Cannabiskonsum im Verkehr auffällig wird und regelmäßig konsumiert, hat ein Problem und muss die passenden Änderungen umsetzen. Meistens reicht eine Reduzierung des Konsums auch nicht aus oder gelingt nicht mehr und man muss sich zur vollständigen Abstinenz entscheiden.

Das Problem Punkte

Wenn man wegen hoher Punktezahl im Fahreignungsregister (FAER) in Flensburg zu einer MPU muss, sollte man sich Folgendes vergegenwärtigen: Insgesamt waren im Jahr 2021 10,991 Millionen Personen im Fahreignungsregister FAER beim Kraftfahrtbundesamt in Flensburg registriert.

- Das sind bezogen auf die etwa 57,68 Millionen Fahrerlaubnisbesitzer in Deutschland im Jahr 2021 nur 19,1 % – davon sind übrigens nur 4,5 % Frauen!
- Aus den Statistiken des Kraftfahrtbundesamtes in Flensburg wird deutlich, dass lediglich 4.055 Personen 2021 eine Verwarnung bei 4–5 Punkten bekamen. Das waren nur 0,007 % der Fahrerlaubnisinhaber!

- 42.366 Personen bekamen eine Ermahnung mit 6–7 Punkten. Das waren nur 0,7345 % der Fahrerlaubnisinhaber!
- Die Fahrerlaubnis wurde 2021 bei 4.699 Personen entzogen, weil sie die Grenze von 8 Punkten überschritten hatten. Das waren 0,008 % der Fahrerlaubnisinhaber!
- Bei 40.053 Personen wurde die Fahrerlaubnis in 2021 von Fahrerlaubnisbehörden entzogen und bei 58.996 Personen durch Gerichte.

Wem trotz absoluter Tilgungsfrist der Einträge wegen Bußgeldsachen von zweieinhalb bzw. fünf Jahren, Ermahnung, gegebenenfalls Teilnahme an einem Fahreignungsseminar mit Abzug eines Punktes und Verwarnung wegen 8 und mehr Punkten die Fahrerlaubnis entzogen wird, hat ein Problem, das in seiner Person zu finden ist und in der Art und Weise, wie er mit den Problemstellungen und Gefahrensituationen im Verkehr umgeht! Man möge diesbezüglich auch bedenken, dass man ja nicht bei jedem Verstoß erwischt wird. Das Verhältnis von entdeckten und unentdeckten Geschwindigkeitsdelikten liegt bei 1:10.000!

Nähere Infos zum Fahreignungsregister und zu Punkten findet man unter https://www.kba.de und in den weiteren Kapiteln dieses Buches.

Auf den Punkt gebracht

Derjenige, der von einer MPU „betroffen" ist, beispielsweise durch Punkte, hat ein persönliches Problem, das er selbst verursacht hat – und er sollte sich dessen bewusst sein!

Zweifel an der Eignung zum Führen von Kraftfahrzeugen

Es gibt eine ganze Reihe von Lebenssachverhalten, die Zweifel an der Eignung zum Führen von Kraftfahrzeugen begründen können. Zumeist erfährt die Fahrerlaubnisbehörde diese durch eine Mitteilung der Polizei unmittelbar nach dem Vorfall, in den überwiegenden Fällen einem Verkehrsunfall.

Die Polizei muss Informationen über Tatsachen, die auf Mängel hinsichtlich der Eignung einer Person zum Führen von Kraftfahrzeugen schließen lassen, der zuständigen Fahrerlaubnisbehörde übermitteln. Dies geschieht regelmäßig noch am Tag des Vorfalls.

Man sollte gegenüber den Unfallbeteiligten oder der Polizei keinesfalls körperlichen oder geistigen Ausfall als Unfallursache angeben, wie z. B. „Ich weiß auch nicht, wie das passiert ist, mir wurde auf einmal schwarz vor Augen".

Teilen Sie auch nicht mit, dass Sie Medikamente eingenommen haben. Diese könnten Ihre Fahreignung beeinträchtigt oder ausgeschlossen haben. Die Folge kann nämlich die Anordnung einer ärztlichen Untersuchung, einer MPU oder die Entziehung der Fahrerlaubnis sein.

Woher übrigens die Fahrerlaubnisbehörde ihre Kenntnisse hat, ist unerheblich. Wenn beispielsweise ein Nachbar der Behörde glaubhaft anzeigt, dass jemand allabendlich sturzbetrunken mit dem Auto nach Hause kommt oder dort rauschende Drogenpartys feiert, reicht dies, um mindestens eine ärztliche Untersuchung zur Frage von Alkoholabhängigkeit oder Drogenkonsum anzuordnen.

Folgende Umstände können an der Eignung zum Führen von Kraftfahrzeugen zweifeln lassen – mit der Folge der Anordnung einer ärztlichen oder medizinisch-psychologischen Untersuchung durch die Fahrerlaubnisbehörde:

… wegen Alkohol

Trunkenheitsfahrt mit 1,6 oder mehr Promille

Die Fahrerlaubnisbehörde ist verpflichtet, nach der Verurteilung wegen Trunkenheit im Verkehr mit 1,6 oder mehr Promille Blutalkoholkonzentration (BAK), bei der die Entziehung der Fahrerlaubnis ausgeblieben ist, oder dem Antrag auf Neuerteilung der Fahrerlaubnis nach vorangegangenem Entzug wegen einer solchen Tat eine MPU anzuordnen.

Gilt wegen Trunkenheitsfahrt mit einem Auto der Grenzwert von 1,1 Promille BAK, macht sich derjenige, der Fahrrad fährt, erst ab einer BAK von 1,6 Promille strafbar. Die Folge ist regelmäßig eine Geldstrafe. Zur Entziehung der Fahrerlaubnis und Verhängung einer Sperrfrist für deren Neuerteilung kommt es aber – im Gegensatz zu einer Trunkenheitsfahrt mit dem Auto – nicht. Allerdings ist die Fahrerlaubnisbehörde berechtigt, eine MPU zu fordern, wenn jemand mit einer BAK von mindestens 1,6 Promille Fahrrad fährt. Das gilt auch schon für einen Ersttäter. Ein negatives Ergebnis oder die Missachtung dieser Anordnung haben die Entziehung der (Kraftfahrzeug-)Fahrerlaubnis zur Folge.

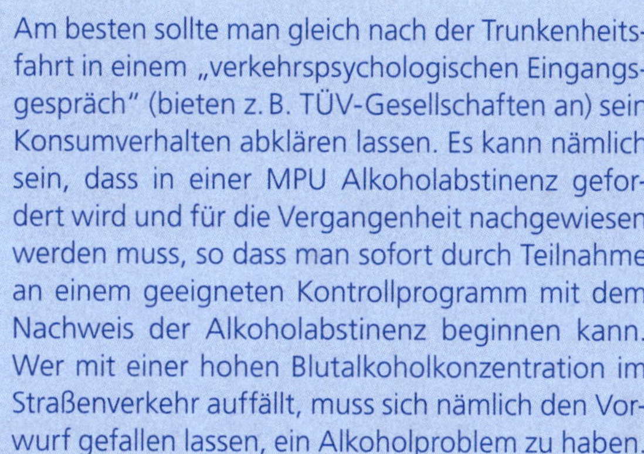

! Am besten sollte man gleich nach der Trunkenheitsfahrt in einem „verkehrspsychologischen Eingangsgespräch" (bieten z. B. TÜV-Gesellschaften an) sein Konsumverhalten abklären lassen. Es kann nämlich sein, dass in einer MPU Alkoholabstinenz gefordert wird und für die Vergangenheit nachgewiesen werden muss, so dass man sofort durch Teilnahme an einem geeigneten Kontrollprogramm mit dem Nachweis der Alkoholabstinenz beginnen kann. Wer mit einer hohen Blutalkoholkonzentration im Straßenverkehr auffällt, muss sich nämlich den Vorwurf gefallen lassen, ein Alkoholproblem zu haben.

MPU auch unter 1,6 Promille Blutalkoholkonzentration?

> *Ein Autofahrer wird an einem Werktag nach Arbeitsende gegen 16.45 Uhr mit einer Blutalkoholkonzentration (BAK) von 1,34 Promille angetroffen. Er beging weder Fahrfehler, noch zeigten sich körperliche Auffälligkeiten. Hier könnten zusätzliche Tatsachen die Annahme von Alkoholmissbrauch begründen, weshalb es unerheblich ist, dass sich kein BAK-Wert von 1,6 Promille ergab.*

Der sogenannte Geselligkeitstrinker verträgt alkoholische Getränke allenfalls bis zu einer BAK von 1–1,3 Promille. Zweifel an der Kraftfahreignung ergeben sich daraus, dass eine derartige BAK schon am Nachmittag eines normalen Arbeitstages erreicht wird, sich der Betroffene noch fahrtüchtig fühlte und keine Ausfallerscheinungen aufwies. Die Anordnung einer MPU wäre nicht zu beanstanden.

Das Bundesverwaltungsgericht hat 2021 entschieden, dass zur Klärung von Zweifeln an der Fahreignung auch dann ein medizinisch-psychologisches Gutachten beizubringen ist, wenn der Betroffene bei einer einmaligen Trunkenheitsfahrt mit einem Kraftfahrzeug zwar eine Blutalkoholkonzentration von weniger als 1,6 Promille aufwies, bei ihm aber trotz einer Blutalkoholkonzentration von 1,1 Promille oder mehr keine alkoholbedingten Ausfallerscheinungen festgestellt wurden. In einem solchen Fall begründen sonstigen Tatsachen die Annahme von (künftigem) Alkoholmissbrauch.

Vermerken der Polizei und des Blutentnehmenden Arztes in der strafrechtlichen Ermittlungsakte können Sie entnehmen, ob und welche körperlichen Ausfallerscheinungen festgestellt wurden. So können Sie die Wahrscheinlichkeit der Anordnung einer MPU beurteilen und sich frühzeitig auf die MPU vorbereiten.

Wiederholte Zuwiderhandlungen im Straßenverkehr unter Alkoholeinfluss

Ein Autofahrer wird zum zweiten Mal bei einem Verstoß gegen die 0,5-Promille-Grenze, § 24a Straßenverkehrsgesetz (StVG), erwischt. Es gibt jeweils zwei Punkte im Fahreignungsregister, Geldbuße und Fahrverbot. Letzteres beträgt wegen wiederholter Begehung statt einem Monat drei Monate.

Die Fahrerlaubnisbehörde hat auch dann eine MPU anzuordnen (sie ist dazu verpflichtet und hat kein Ermessen),

- wenn zwar keine Alkoholabhängigkeit, jedoch Anzeichen für Alkoholmissbrauch vorliegen,
- wenn zu klären ist, ob der Alkoholmissbrauch nicht mehr besteht,
- bei wiederholten Zuwiderhandlungen im Straßenverkehr unter Alkoholeinfluss.

Verdacht auf Alkoholabhängigkeit oder Alkoholmissbrauch

> *Ein Führerscheinbesitzer wird mit schwerer Alkoholisierung angetroffen. Er ist nicht Auto gefahren. Es muss mit hinreichender Wahrscheinlichkeit zu befürchten sein, dass der Betroffene wegen seines exzessiven Trinkverhaltens für andere Verkehrsteilnehmer zu einer Gefahr werden könnte. Etwa dann, wenn er als Berufskraftfahrer tätig ist und damit – abgesehen von seinen arbeitsfreien Zeiten – täglich am Straßenverkehr teilnimmt.*

Angesichts der typischen Abbauzeiten von Alkohol im Körper liegt in solchen Fällen ein Dauerkonflikt vor zwischen der Neigung, oft und in größeren Mengen Alkohol zu konsumieren, sowie der Verpflichtung, im nüchternen Zustand ein Kraftfahrzeug zu führen. Obwohl der Fahrerlaubnisinhaber gar nicht alkoholisiert gefahren ist, können diese Feststellungen die Annahme von Alkoholmissbrauch begründen und der Behörde Anlass zur Anordnung der Beibringung eines medizinisch-psychologischen Gutachtens über die Fahreignung geben.

Spätestens in diesem Fall sollte man sich mit seinem Alkoholproblem auseinandersetzen und mit dem Nachweis der Alkoholabstinenz durch Teilnahme an einem geeigneten Kontrollprogramm beginnen.

… wegen Drogen- oder Medikamentenmissbrauchs

Fahren unter Rauschmitteleinwirkung

Ordnungswidrig handelt, wer unter Wirkung eines berauschenden Mittels im Straßenverkehr ein Kraftfahrzeug führt (§ 24a StVG). Von der Bußgeldstelle wird gegen den Ersttäter ein Bescheid mit einer Geldbuße über 500 EUR, einem Fahrverbot von einem Monat und zwei Punkten im Fahreignungsregister erlassen.

Bereits unmittelbar nach dem Geschehen teilt die Polizei der Fahrerlaubnisbehörde die Drogenauffälligkeit mit. Neben dem Bußgeld- oder Strafverfahren wird die Behörde aufgrund desselben Sachverhalts entweder gleich die Fahrerlaubnis entziehen oder ein ärztliches bzw. medizinisch-psychologisches Gutachten anordnen – und das teilweise bis zu zwölf Monate nach der eigentlichen Drogenfahrt. Denn wer harte Drogen oder regelmäßig Cannabis konsumiert oder wer den gelegentlichen Konsum von Cannabis und das Führen von Kraftfahrzeugen nicht trennen kann, ist ungeeignet zum Führen von Kraftfahrzeugen.

Der Betroffene muss dann durch ärztliche Untersuchung, Gespräche mit Psychologen und Drogentests nachweisen, dass er keine Rauschmittel mehr einnimmt. Da der Betroffene meist nicht in der Lage ist, zum Untersuchungszeitpunkt die Abstinenz rückwirkend für sechs oder bis zu zwölf Monate nachzuweisen, kommt es nicht zu einer positiven Begutachtung. Dies kann dann zu dem Ergebnis führen, dass der Autofahrer zwar bereits die Strafe für die Drogenfahrt verbüßt und das Fahrverbot bereits wieder aufgehoben ist, ihm aber die Fahrerlaubnisbehörde später wegen derselben Sache die Fahrerlaubnis entzieht.

Der auffällig gewordene Autofahrer muss sich darüber bewusst sein, dass sich in derartigen Fällen Maßnahmen der Fahrerlaubnisbehörde anschließen. Bereits ab dem Vorfall sollte der Betroffene sich für einen späteren Nachweis der Abstinenz Drogenscreenings unterziehen.

Annahme von Betäubungsmittelabhängigkeit

Oft versuchen Angeklagte in Strafverfahren wegen schwerer Straftaten gegen Leib und Leben anderer eine mildere Strafe zu erhalten, indem sie angeben, betäubungsmittelabhängig zu sein und die Tat sozusagen im Drogenrausch begangen haben. Derartige Urteile werden der Fahrerlaubnisbehörde übersandt, sodass neben dem Verlust der Freiheit dann regelmäßig nach Anordnung von fachärztlicher oder medizinisch-psychologischer Untersuchung noch der Verlust der Fahrerlaubnis folgt.

Dürfen Personen, die Methadon nehmen, Auto fahren?

Bei Methadon handelt es sich um ein Betäubungsmittel im Sinne des Betäubungsmittelgesetzes, sodass dessen Einnahme im Regelfall die Eignung zum Führen von Kraftfahrzeugen ausschließt. Es kommt nicht darauf an, ob das Mittel „missbräuchlich" oder aufgrund ärztlicher Verschreibung konsumiert wurde, sondern allein darauf, ob es überhaupt eingenommen wurde.

Nur in seltenen Fällen ist eine positive Beurteilung der Fahreignung von Personen, die sich in einer regelgerecht durchgeführten Methadon-Substitution befinden, möglich. Besondere Umstände können dies im Einzelfall rechtfertigen. Die Einnahme anderer psychoaktiver Substanzen, inklusive Alkohol, muss ausgeschlossen sein: Nachzuweisen durch geeignete regelmäßige zufällige Kontrollen (Urin-, Haaranalyse) innerhalb des letzten Jahres. Kann dieser Nachweis nicht erbracht werden, ist von der fehlenden Fahreignung auszugehen. Die Fahreignung kann dann nur durch ein medizinisch-psychologisches Gutachten nachgewiesen werden, auch wenn die Methadon-Behandlung zwischenzeitlich erfolgreich abgeschlossen wurde.

Dürfen Personen, die Medizinal-Cannabis nehmen, Auto fahren?

Wird Cannabis zu medizinischen Zwecken eingenommen, muss ein Nachweis über die Dauermedikation nicht mitgeführt werden. Die spätere Vorlage einer ärztlichen Bescheinigung ist ausreichend. Das Cannabis darf nicht aus illegalen Quellen verschafft sein und muss in therapeutischer Dosis nachgewiesen werden. Sollten drogentypische Fahrfehler begangen und oder Ausfallerscheinungen festgestellt werden, kann es zu einer Strafbarkeit wegen Trunkenheitsfahrt, § 316 Strafgesetzbuch (StGB), kommen.

Verdacht auf Einnahme von Betäubungsmitteln

Anlässlich einer Fahrzeugkontrolle werden bei einem Autofahrer fünf Gramm Haschisch gefunden. Die Fahrerlaubnisbehörde ordnet die Vorlage eines ärztlichen Gutachtens an.

Personen, die Betäubungsmittel einnehmen, sind in der Regel ungeeignet zum Autofahren. Eine Ausnahme stellt der einmalige oder gelegentliche Cannabiskonsum dar. Hier bestehen nur dann Eignungszweifel, wenn man beim Fahren unter dem Einfluss der Substanz erwischt wird. Bereits der Nachweis kleinster Mengen einer rauschwirksamen Substanz stellt das Fahren unter Rauschmitteleinwirkung dar.

Dies oder konkrete Verdachtsmomente dafür, dass der Betroffene den Konsum von Cannabis und die aktive Teilnahme am Straßenverkehr nicht zuverlässig zu trennen vermag, ermächtigt die Behörde, dem Führerscheininhaber aufzugeben, bestimmte Gutachten über seine Kraftfahreignung vorzulegen. Beschränken sich die polizeilichen Feststellungen auf den bloßen Besitz von Cannabis, reicht dies nicht aus, an seiner Eignung zu zweifeln. Anders hingegen, wenn über den Besitz hinaus weitere Erkenntnisse vorliegen – z. B. wenn die Reste eines Joints im Aschenbecher des Fahrzeugs gefunden werden.

Verdacht auf Arzneimittelmissbrauch

Nicht nur wer unter Alkohol oder Drogen Auto fährt, macht sich strafbar. Auch Medikamente im Straßenverkehr können weitreichende Folgen haben. So enthalten einige Schnupfen- und Hustenpräparate z.B. Codein und Alkohol. Diese Substanzen haben Auswirkungen auf die Fahrtauglichkeit. Das Führen eines Kraftfahrzeugs unter der Wirkung sogenannter berauschender Mittel stellt eine Ordnungswidrigkeit (Fahren unter Rauschmitteleinwirkung, § 24a StVG) dar.

Einzige Ausnahme: wenn die Arznei vom Arzt für einen konkreten Krankheitsfall verschrieben und entsprechend dieser Verordnung eingenommen wurde. Wird die Polizei aber aufmerksam, weil der Fahrzeuglenker Fahrfehler begeht oder körperliche Ausfallerscheinungen zeigt, steht eine Strafbarkeit wegen „Trunkenheitsfahrt" im Raum. Die Folge sind Geldstrafe und Entziehung der Fahrerlaubnis. Regelmäßig lässt die Fahrt unter Medikamenteneinfluss Zweifel an der Eignung zum Führen von Kraftfahrzeugen aufkommen. Selbst wenn die Polizei nicht einschreitet, kann die Fahrerlaubnis auf dem Verwaltungsweg entzogen oder eine MPU angeordnet werden.

Lesen Sie den Beipackzettel immer aufmerksam! Halten Sie Rücksprache mit Ihrem Arzt, ob durch die Medikamenteneinnahme die Fahrtüchtigkeit beeinträchtigt wird und wie viele Stunden nach der Einnahme man wieder ein Fahrzeug führen darf.

... wegen Straftat(en) im Zusammenhang mit dem Straßenverkehr

Schon eine einzige erhebliche Verkehrsstraftat kann berechtigte Zweifel an der Eignung zum Führen von Kraftfahrzeugen begründen. Deshalb darf die Fahrerlaubnisbehörde im Verfahren zur Wiedererteilung der Fahrerlaubnis ein medizinisch-psychologisches Gutachten verlangen. Wird diese Begutachtung verweigert, führt das zur Ablehnung des Antrags auf Neuerteilung der Fahrerlaubnis.

Wegen vorsätzlicher Straßenverkehrsgefährdung in Tateinheit mit Nötigung im Straßenverkehr wurde einem Autofahrer die Fahrerlaubnis entzogen. Beim Antrag auf Neuerteilung der Fahrerlaubnis ordnete die Behörde die Beibringung eines medizinisch-psychologischen Gutachtens über die Kraftfahreignung des Antragstellers an. Dieser lehnte es ab, sich einer Begutachtung zu unterziehen.

Daraufhin wurde der Antrag auf Neuerteilung der Fahrerlaubnis mit der Begründung abgelehnt, die straf- und verkehrsrechtliche Vorgeschichte rechtfertige durchaus Eignungsbedenken. Die vorsätzliche Straßenverkehrsgefährdung zeige ein hohes Maß an Rücksichts- und Verantwortungslosigkeit, weil der Betroffene nur des eigenen schnelleren Vorankommens wegen andere Verkehrsteilnehmer massiv gefährdet habe. Diesem Verhalten sei zu entnehmen, dass der Betroffene die Durchsetzung seiner vermeintlichen eigenen Rechte denjenigen anderer Verkehrsteilnehmer voranstelle.

Nichts anderes dürfte gelten für eine Verurteilung wegen des neu eingeführten Straftatbestands der Teilnahme an einem oder der Durchführung eines verbotenen Kraftfahrzeugrennens, § 315d Strafgesetzbuch (StGB).

Höchstgerichtlich wird die Auffassung vertreten, dass Zweifel an der Fahreignung nicht erst dann berechtigt seien, wenn wiederholt gegen verkehrsrechtliche Vorschriften oder Strafgesetze verstoßen werde. Vielmehr reiche eine einzige Straftat aus, wenn sie erheblich sei. In den einschlägigen Vorschriften des Fahrerlaubnisrechts werde der wiederholten Begehung von Verstößen gegen verkehrsrechtliche Vorschriften oder Strafgesetze der – nur – einmalige, dafür aber erhebliche Verstoß gegenübergestellt.

Kommt es zu einer Verurteilung wegen (mehrerer) „Straftaten, die im Zusammenhang mit dem Straßenverkehr stehen", z.B. Nötigung im Straßenverkehr in drei Fällen oder Straßenverkehrsgefährdung in Tatmehrheit mit unerlaubtem Entfernen vom Unfallort, ordnen die Fahrerlaubnisbehörden regelmäßig die Vorlage eines medizinisch-psychologischen Gutachtens an.

Der Verteidiger in Verkehrsstrafverfahren sollte sich immer bemühen – sofern Verfahrenseinstellung oder Freispruch unmöglich erscheinen – eine Verurteilung wegen „nur" einer Straftat oder mehrerer Straftaten in sogenannter tateinheitlicher Begehung zu erreichen. Hierauf kann sich der Verteidiger in Gesprächen mit Staatsanwaltschaft und Gericht unter Umständen verständigen. Dann bleibt dem Betroffenen eine MPU erspart.

… wegen Anhaltspunkten für hohes Aggressionspotenzial

Bei Straftaten, die im Zusammenhang mit der Kraftfahreignung stehen, insbesondere wenn Anhaltspunkte für ein hohes Aggressionspotenzial bestehen, kann ebenfalls eine MPU verlangt werden. Als solche Straftaten versteht die Rechtsprechung Vergehen, die eine Veranlagung des Fahrerlaubnisbewerbers zu Rohheit oder eine geringe Hemmschwelle gegenüber der körperlichen Integrität anderer Menschen erkennen lassen. In Betracht kommen die Straftatbestände

- der schweren und gefährlichen Körperverletzung,
- des Raubes sowie
- der Vergewaltigung.

Sofern es – aus welchen Gründen auch immer – zu einer Entziehung der Fahrerlaubnis gekommen ist und im Rahmen des Antrags auf Neuerteilung der Fahrerlaubnis festgestellt wird, dass der Antragsteller schon einmal eine vorsätzliche Körperverletzung begangen hat, ordnen die Fahrerlaubnisbehörden erfahrungsgemäß eine MPU an.

Zwar kann auch durch die Begehung einer Reihe weiterer Straftaten eine kriminelle Energie des Täters zum Ausdruck kommen, dies reicht aber für die Annahme eines Aggressionspotenzials nicht aus. Die Fahrerlaubnisbehörde ist nicht für die Bekämpfung der Allgemeinkriminalität zuständig, sondern für solche Maßnahmen, die befürchten lassen, dass der Fahrerlaubnisinhaber oder -bewerber erneut in schwerwiegender Weise solche Vorschriften verletzen und dadurch für die Allgemeinheit zur Gefahr werden könnte. Die Erkenntnisse der Fahrerlaubnisbehörde können sich sowohl aus strafgerichtlichen Urteilen als auch Mitteilungen der Polizei ergeben. Eine rechtskräftige Verurteilung, die dem Täter hohes Aggressionspotenzial bescheinigt, ist nicht erforderlich.

Da es in der einschlägigen Fahrerlaubnis-Verordnung keinen Katalog von Straftaten, bei denen Anhaltspunkte für ein hohes Aggressionspotenzial bestehen, gibt, steht es im Ermessen des zuständigen Sachbearbeiters bei der Fahrerlaubnisbehörde, ob dieser eine MPU anordnet.

Zwar kann man jede Entscheidung überprüfen lassen, dies führt aber bei einer Eignungsüberprüfung gegenüber (noch) Inhabern einer Fahrerlaubnis zum Entzug derselben und bei einem Antrag auf Neuerteilung zu dessen Versagung. In jedem Fall kostet die Wahrnehmung der Rechte Zeit ohne Führerschein. Und wie die Sache letztendlich ausgeht, ist oft nicht abzuschätzen. Aber selbst, wenn man irgendwann Recht bekommt – nach Widerspruch, Klage und Berufung können leicht zwei Jahre vergehen – wäre es besser gewesen, sich der Anordnung einer MPU zu „beugen". Die MPU ist kein Buch mit sieben Siegeln. Wer sich richtig vorbereitet, wird die MPU bestehen!

… wegen erheblicher Verstöße gegen das Verkehrsrecht

Ein Autofahrer begeht Geschwindigkeitsüberschreitungen um 22, 43 und 23 km/h innerhalb von acht Monaten. Diese werden mit vier Punkten im Fahreignungsregister eingetragen.

Regelmäßig wird die Fahrerlaubnisbehörde bei Erreichen bestimmter Punktestände tätig:

- Bei 4 und 5 Punkten wird ermahnt,
- bei 6 und 7 wird verwarnt,
- bei 8 und mehr Punkten wird die Fahrerlaubnis entzogen.

Es ist aber auch möglich, eine MPU außerhalb des sog. Punktesystems anzuordnen. Und zwar bei erheblichen oder wiederholten Verstößen gegen verkehrsrechtliche Vorschriften. Die Verstöße müssen eine bestimmte Qualität haben oder unter besonderen Umständen begangen worden sein. Eine bloß einmalige erhebliche Geschwindigkeitsüberschreitung reicht noch nicht aus. Treffen aber Häufigkeit, Rücksichtslosigkeit oder vorsätzliche Begehung zusammen, beispielsweise Tempoverstoß „aus Spaß" an der Fahrleistung oder aus einem Geltungsbedürfnis heraus, reicht dies für Eignungszweifel aus. In derartigen Fällen kann eine Gutachtenanordnung selbst bei „nur" drei Verstößen und „nur" vier Punkten berechtigt sein.

... wegen einer Krankheit

Es gibt Krankheiten, die die Eignung zum Führen von Kraftfahrzeugen ausschließen. Hierzu zählen z.B.

- Störungen des Gleichgewichts (ständig oder anfallsweise auftretend),
- Herzrhythmusstörungen mit anfallsweiser Bewusstseinstrübung oder Bewusstlosigkeit,
- Zuckerkrankheit mit Neigung zu schweren Stoffwechselentgleisungen,

- akute organische Psychosen,
- Manien und schwere Depressionen,
- akute schizophrene Psychosen oder
- schwere Niereninsuffizienz mit erheblicher Beeinträchtigung.

Andere Krankheiten wiederum können Beschränkungen auf bestimmte Fahrzeugarten oder Fahrzeuge, gegebenenfalls mit besonderen technischen Vorrichtungen gemäß ärztlichem Gutachten, eventuell zusätzlich medizinisch-psychologischem Gutachten und/oder Gutachten eines amtlich anerkannten Sachverständigen oder Prüfers oder Auflagen wie regelmäßige ärztliche Kontroll- oder Nachuntersuchungen in bestimmten zeitlichen Abständen erfordern.

Nach einem Verkehrsunfall machte die Polizei der zuständigen Fahrerlaubnisbehörde folgende Mitteilung:

„Der Betroffene hielt zunächst am rechten Fahrbahnrand und ließ seine Ehefrau aussteigen. Er wollte sich noch rückwärts in die Parklücke manövrieren. Sodann beschleunigte plötzlich der Pkw aus ungeklärten Gründen, sodass der Betroffene die Kontrolle über das Fahrzeug verlor und zunächst rückwärts über den rechtsseitigen Bürgersteig fuhr und dabei zwei Bäume touchierte, dann über die Fahrbahn fuhr, dabei einen weiteren Baum touchierte und dort gegen ein Bushaltestellenhäuschen fuhr und dies völlig zerstörte.

Der Betroffene legte daraufhin den Vorwärtsgang ein, woraufhin das Fahrzeug erneut extrem beschleunigte und diesmal vorwärts fuhr. Der Betroffene stieß gegen einen weiteren Baum und knickte diesen um.

Das Fahrzeug setzte durch den Zusammenstoß auf dem Stamm des Baumes auf, wodurch die Vorderreifen in der Luft hingen, sodass der Pkw keinen Vortrieb mehr hatte."

Die Fahrerlaubnisbehörde machte Bedenken an der gesundheitlichen Eignung zur Teilnahme am motorisierten Straßenverkehr geltend und ordnete die Durchführung einer Begutachtung durch einen amtlich anerkannten Sachverständigen oder Prüfer (Fahrprobe) an.

Sowohl für die Ablegung einer solchen Fahrprobe und Vorlage des Ergebnisses, als auch für die Übersendung einer Erklärung, sich auf eigene Kosten der entsprechenden Begutachtung zu unterziehen, werden Fristen gesetzt. Die Kompensation von Krankheiten oder Mängeln durch besondere menschliche Veranlagung, durch Gewöhnung, durch besondere Einstellung oder durch besondere Verhaltenssteuerungen und -umstellungen sind möglich. Fachärztliche Untersuchungen können jedoch nur von bestimmten Ärzten durchgeführt werden, die in der Fahrerlaubnis-Verordnung (FeV) in § 11 genau festgelegt sind.

Die Auswahl von Ärzten, Sachverständigen oder Prüfern mit der erforderlichen Qualifikation obliegt dem Betroffenen. Man ist nicht verpflichtet, nur denjenigen zu benennen, der von der Fahrerlaubnisbehörde vorgeschlagen wird.

Suchen Sie sich zunächst einen in Betracht kommenden Gutachter. Legen Sie diesem die Aufklärungsanordnung der Fahrerlaubnisbehörde vor, lassen Sie sich „voruntersuchen" und fragen Sie den Gutachter, ob er die Fragestellung der Behörde im Falle deren Auftrags in Ihrem Sinne positiv beantworten könnte. Erst dann teilen Sie der Fahrerlaubnisbehörde dessen Namen und Anschrift auf der Einverständniserklärung mit. Wird nur eine Fahrprobe angeordnet, nehmen Sie zur Vorbereitung ein paar Fahrschulstunden mit einem Fahrlehrer Ihrer Wahl.

… wegen mangelhaftem Sehvermögen

Werden Tatsachen bekannt, die Bedenken begründen,

- dass die Anforderungen an das Sehvermögen nicht erfüllt werden oder
- dass andere Beeinträchtigungen des Sehvermögens bestehen, die die Eignung zum Führen von Kraftfahrzeugen beeinträchtigen,

kann die Fahrerlaubnisbehörde die Vorlage eines augenärztlichen Gutachtens anordnen. Mithilfe dieses Gutachtens soll dann die Entscheidung über die Erteilung/Verlängerung der Fahrerlaubnis oder über die Anordnung von Beschränkungen/Auflagen vorbereitet werden.

In der entsprechenden Verordnung sind die Anforderungen an das Sehvermögen geregelt. Erreicht der Proband den für die entsprechende Fahrzeugklasse vorgeschriebenen Mindestwert, ist er geeignet, ist dies nicht der Fall, ist er ungeeignet, das entsprechende Fahrzeug zu fahren.

Experten haben in ausführlichen Untersuchungen ermittelt, dass die Ergebnisse der Sehschärfeprüfung ein und desselben Probanden zwischen den verschiedenen Untersuchern erheblichen Schwankungen und Abweichungen unterworfen sind. Sie können im Vergleich zum theoretisch exakten Ergebnis durchaus eine Größenordnung von +/– 0,2 bis 0,3 erreichen (der Wert 1,0 entspräche dabei 100 % Sehschärfe). Daher ist also durchaus möglich, dass im Gutachten des einen Augenarztes eine Sehschärfe von beispielsweise 0,6 (= 60 % Sehschärfe) angegeben wird, der nächste hingegen 0,4 und der Folgende 0,8 attestiert. Dies hat vor allem bei den im Gesetz festgelegten Grenzwerten von 0,2 und 0,5 eine erhebliche Bedeutung.

… wegen Auffälligkeiten bei der Fahrerlaubnisprüfung

Stellt der Sachverständige oder Prüfer während einer Fahrprüfung Tatsachen fest, die ihn an der körperlichen oder geistigen Eignung des Bewerbers zweifeln lassen, hat er der Fahrerlaubnisbehörde Mitteilung zu machen und den Bewerber hierüber zu unterrichten.

Maßnahmen der Fahrerlaubnisbehörde

Grundlage der Beurteilung, ob jemand (bedingt) zum Führen eines Fahrzeugs geeignet ist, ist in der Regel

- ein ärztliches Gutachten,
- ein medizinisch-psychologisches Gutachten oder
- ein Gutachten eines amtlich anerkannten Sachverständigen oder Prüfers für den Kraftfahrzeugverkehr.

Ärztliches Gutachten

Die Anordnung, ein ärztliches Gutachten beizubringen, kommt dann in Betracht, wenn an der körperlichen oder geistigen Eignung gezweifelt wird. In derartigen Fällen scheiden ein medizinisch-psychologisches Gutachten oder ein Sachverständigengutachten aus.

Die Fahrerlaubnisbehörde bestimmt auch, wer das Gutachten erstellen soll:

- ein Facharzt mit verkehrsmedizinischer Qualifikation,
- ein Amtsarzt (Arzt des Gesundheitsamtes oder anderer Arzt der öffentlichen Verwaltung),
- ein Arbeits- oder Betriebsmediziner,
- ein Rechtsmediziner oder
- ein Arzt in einer Begutachtungsstelle für Fahreignung (MPU-Stelle).

Die Behörde muss die genaue Fachrichtung angeben. Nicht jeder Umstand, der auf einen möglichen Eignungsmangel hindeutet, ist als hinreichender Grund für die Anordnung eines ärztlichen Gutachtens anzusehen.

Mögliche Gründe für die Anordnung eines ärztlichen Gutachtens

- *Psychische Auffälligkeiten wie aggressives Verhalten auch außerhalb des Straßenverkehrs können die Anordnung rechtfertigen.*
- *Ein hirnorganisches Syndrom rechtfertigt die Gutachtenanordnung, ebenso ein epileptisches Anfallsleiden.*
- *Hohes Alter allein ist nicht entscheidend dafür, ob eine Begutachtung angeordnet wird. Es kann aber unter Umständen dazu ausreichen, wenn der Autofahrer durch unsichere Fahrweise oder einen augenscheinlich unerklärlichen Unfall aufgefallen ist. Allerdings rechtfertigt auch bei fortgeschrittenem Alter ein Verkehrsverstoß nur dann die Aufforderung, ein amtsärztliches Gutachten beizubringen, wenn dieser auf altersbedingte Leistungsminderung hindeutet.*

Beispiel

Zur Erklärung eines Verkehrsunfalls gibt ein Fahrzeugführer gegenüber der Polizei an, Gas- und Bremspedal verwechselt zu haben und im Übrigen an der Parkinsonschen Krankheit zu leiden. Nach einem Verwarnungsgeld wegen Unfallverursachung erhält er von der Fahrerlaubnisbehörde die Anordnung, ein ärztliches Gutachten über seine Fahreignung vorzulegen.

Im Falle der Parkinsonschen Krankheit ist beispielsweise die Fähigkeit, Personenkraftwagen sicher zu führen, nur bei erfolgreicher Therapie oder in leichteren Fällen der Erkrankung gegeben. Ein positives verkehrsmedizinisches Gutachten könnte zu dem Ergebnis kommen, dass der Erkrankte die Fahrerlaubnis unter bestimmten Auflagen behalten darf: z. B. regelmäßige Nachuntersuchungen alle zwei Jahre. Bei negativem Gutachtenausgang entzieht die Führerscheinstelle regelmäßig die Fahrerlaubnis.

Eine leichtfertige Äußerung gegenüber der Polizei kann den Führerschein kosten!

Manchmal wird die Fahrerlaubnisbehörde erst Monate oder ein Jahr und später nach einem Drogenvorfall tätig. Dann wäre es unverhältnismäßig, sofort die Fahrerlaubnis zu entziehen oder sofort eine MPU anzuordnen. Hier kann zur Abklärung der Eignungszweifel die Vorlage eines ärztlichen Gutachtens angeordnet werden. Dabei soll die Frage geklärt werden, ob aktuell noch Drogen konsumiert werden. Die Fragestellung der Fahrerlaubnisbehörde lautet in diesen Fällen: „Liegt bei dem zu Untersuchenden ein Konsum von Betäubungsmitteln vor, der seine Eignung als Kraftfahrzeugführer infrage stellt?"

Im Rahmen des ärztlichen Gutachtens wird auch ein Untersuchungsgespräch geführt, in dem die Angaben des Betroffenen mit den Kenntnissen der Fahrerlaubnisbehörde verglichen werden.

Der zu Untersuchende gibt z. B. an, nur einmal im Leben Kokain konsumiert zu haben – und das 24 Stunden vor dem Vorfall, durch den er bei der Polizei auffällig wurde. Wenn in der seinerzeit vorgenommenen Blutprobe das Abbauprodukt von Kokain, Benzoylecgonin gefunden wurde, kann diese Angabe nicht stimmen.

Der Nachweis dieses Abbauprodukts in einer Blutprobe ist nach einmaligem Konsum nur 8–10 Stunden möglich. Nur bei hoch dosiertem und chronischem Konsum wird eine Nachweisbarkeit von 12–24 Stunden angenommen. Insofern bleiben Zweifel entweder in Bezug auf die Zeitangaben, die Dosis oder die Einmaligkeit des Konsums. Mit den Mitteln der ärztlichen Untersuchung kann das nicht aufgeklärt werden. Regelmäßig würde die Fahrerlaubnisbehörde bei diesem Ergebnis im Anschluss eine medizinisch-psychologische Untersuchung anordnen.

Zur Vorbereitung auf eine Anordnung der Fahrerlaubnisbehörde (ärztliches, medizinisch-psychologisches oder sonstiges Gutachten) ist es ratsam, Einsicht in die Führerscheinakte zu nehmen. Dies ist direkt bei der Fahrerlaubnisbehörde möglich. Fotografieren oder scannen Sie die Akte mit einem Smartphone oder lassen Sie sich dort Kopien der relevanten Aktenbestandteile geben. So stellt man sicher, keine Angaben zu machen, die den Kenntnissen der Fahrerlaubnisbehörde widersprechen. Informieren Sie sich außerdem über logische Zusammenhänge und fachliche Erklärungen. So können Sie vermeiden, Angaben zu machen, die unmöglich und unpassend sind.

Bei der Erstellung von rein (fach-)ärztlichen Gutachten im Bereich von Drogenauffälligkeiten legt § 14 Fahrerlaubnis-Verordnung (FeV) fest, unter welchen Umständen eine ärztliche Begutachtung ausreicht, um die Eignungszweifel zu klären.

Tatsachen, die im Falle von Cannabiskonsum Eignungszweifel begründen, sind jeweils in eigenen Regelungen der Bundesländer festgehalten. Ein ärztliches Gutachten kann angeordnet werden, wenn

- jemand unter Cannabis-Einfluss am Verkehr teilgenommen hat,
- es Hinweise gibt, dass gewohnheitsmäßiger Cannabiskonsum vorliegt.

Werden polizeiliche Mitteilungen über die Sicherstellung anderer Drogen oder Medikamente an die Fahrerlaubnisbehörde weitergeleitet, kann dies ebenfalls die Anordnung eines ärztlichen Gutachtens verursachen – auch wenn die entsprechende Person nicht am Straßenverkehr teilgenommen hat. Da viele Drogen ein ganz erhebliches Suchtpotenzial haben, besteht hier die hohe Wahrscheinlichkeit, dass dauerhafter Drogenkonsum vorliegt, der die Kraftfahreignung grundsätzlich infrage stellt oder ausschließt. In solchen Fällen wird deshalb meist direkt die Fahrerlaubnis entzogen.

Die rechtlichen Anforderungen, die an ein ärztliches Gutachten gestellt werden, sind dabei keine anderen als diejenigen, die an ein medizinisch-psychologisches Gutachten gestellt werden (siehe Anlage 4a Fahrerlaubnis-Verordnung) und sie entfalten auch beide die gleichen verwaltungsrechtlichen Wirkungen. Sie unterliegen jedoch nicht der Qualitätskontrolle durch die Bundesanstalt für Straßenwesen (BASt).

Die Fahrerlaubnisbehörde selbst muss prüfen, ob das Gutachten den geforderten Qualitätsstandards entspricht. Bei ärztlichen Gutachten fallen immer wieder deutliche Qualitätsmängel auf. Ursache dafür ist die große Anzahl an zugelassenen (Fach-)Ärzten, die oft keine ausreichenden verkehrsmedizinischen Kenntnisse oder Erfahrung bei der Erstellung solcher Gutachten haben. Kritisch muss angemerkt werden, dass bereits eine einmalige 2-tägige Weiterbildung den Qualifikationsnachweis (Facharzt „mit verkehrsmedizinischer Qualifikation") für die Erstellung der ärztlichen Gutachten ermöglicht.

Bei der Anordnung von ärztlichen Gutachten legt deshalb in vielen Fällen auch gleich die Fahrerlaubnisbehörde fest, wo diese durchzuführen sind. Damit wird sichergestellt, dass ein ausreichender Qualitätsstandard erreicht wird. Die Fahrerlaubnisbehörde beruft sich dabei auf die Fahrerlaubnis-Verordnung (FeV) mit dem § 11. Oft werden dabei Ärzte von amtlich anerkannten Begutachtungsstellen bestimmt, damit das erstellte Gutachten auch anschließend ohne weitere Schwierigkeiten und Reklamationen durch die Behörde akzeptiert werden kann.

Es ist darauf zu achten, dass der begutachtende Arzt nicht der behandelnde Arzt sein darf und dass dies im Gutachten ausdrücklich bestätigt wird.

Die Preise für solche ärztlichen Gutachten (nach § 11 Fahrerlaubnis-Verordnung) sind – im Gegensatz zu den noch behördlich festgelegten Gebühren bei der MPU – frei vereinbar und schwanken deshalb sehr stark zwischen den einzelnen Ärzten. Man sollte nicht jeden Preis akzeptieren.

Allerdings sollte man sich aber auch bewusst sein, dass ein extrem günstiges Gutachten unter Umständen auch weniger sorgfältig erstellt wird. In diesem Zusammenhang besteht die Gefahr, dass die Fahrerlaubnisbehörde das Gutachten wegen Qualitätsmängeln nicht akzeptiert.

> *Wenden Sie sich im Zweifelsfall an einen der Ärzte der Begutachtungsstellen – sie haben in jedem Fall die notwendige Erfahrung. Fragen Sie die Mitarbeiter der Fahrerlaubnisbehörde oder einen Fachanwalt – sie werden Sie an einen entsprechenden Arzt weitervermitteln.*

Medizinisch-psychologisches Gutachten

In folgenden Fällen kann (Ermessensentscheidung) die Fahrerlaubnisbehörde die Beibringung eines medizinisch-psychologischen Gutachtens anordnen:

- Wenn nach Prüfung eines ärztlichen oder eines Gutachtens eines amtlich anerkannten Sachverständigen oder Prüfers für den Kraftfahrzeugverkehr zusätzlich ein medizinisch-psychologisches Gutachten erforderlich ist.
- Zur Vorbereitung einer Entscheidung über die Befreiung von den Vorschriften über das Mindestalter für die Erteilung einer Fahrerlaubnis.
- Bei erheblichen Auffälligkeiten, die im Rahmen einer Fahrerlaubnisprüfung mitgeteilt worden sind.
- Bei einem erheblichen Verstoß oder wiederholten Verstößen gegen verkehrsrechtliche Vorschriften.

- Bei einer erheblichen Straftat, die im Zusammenhang mit dem Straßenverkehr steht, oder bei Straftaten, die im Zusammenhang mit dem Straßenverkehr stehen.
- Bei Straftaten, die im Zusammenhang mit der Kraftfahreignung stehen, insbesondere wenn Anhaltspunkte für ein hohes Aggressionspotenzial bestehen, oder die erhebliche Straftat unter Nutzung eines Fahrzeugs begangen wurde.
- Bei der Neuerteilung der Fahrerlaubnis, wenn die Fahrerlaubnis wiederholt entzogen war oder der Entzug der Fahrerlaubnis auf einem der vorgenannten Gründe beruhte.
- Wenn die besondere Verantwortung bei der Beförderung von Fahrgästen zu überprüfen ist.
- Wenn der Inhaber einer Fahrerlaubnis auf Probe Zuwiderhandlungen begangen hat, die nach den Umständen des Einzelfalls Anlass zu der Annahme geben, dass er zum Führen von Kraftfahrzeugen ungeeignet ist.

In folgenden Fällen hat die Fahrerlaubnisbehörde (obligatorisch) die Beibringung eines medizinisch-psychologischen Gutachtens anzuordnen:

- Wenn nach dem ärztlichen Gutachten zwar keine Alkoholabhängigkeit, jedoch Anzeichen für Alkoholmissbrauch vorliegen, oder sonst Tatsachen die Annahme von Alkoholmissbrauch begründen.
- Wenn wiederholt Zuwiderhandlungen im Straßenverkehr unter Alkoholeinfluss begangen wurden.
- Wenn ein Fahrzeug im Straßenverkehr mit einer Blutalkoholkonzentration von 1,6 oder mehr Promille geführt wurde.

- Bei der Neuerteilung der Fahrerlaubnis, wenn die Fahrerlaubnis aus einem der vorgenannten Gründe entzogen war.
- Wenn sonst zu klären ist, ob Alkoholmissbrauch oder Alkoholabhängigkeit nicht mehr besteht.
- Bei der Neuerteilung der Fahrerlaubnis, wenn die Fahrerlaubnis wegen Abhängigkeit oder Einnahme von Betäubungsmitteln oder missbräuchlicher Einnahme von Arzneimitteln entzogen war.
- Wenn zu klären ist, ob der Betroffene noch abhängig ist oder – ohne abhängig zu sein – weiterhin Betäubungsmittel oder missbräuchlich Arzneimittel einnimmt.
- Bei der Neuerteilung der Fahrerlaubnis, wenn die Fahrerlaubnis wegen Erreichens oder Überschreitens der 8-Punkte-Grenze entzogen war.
- Bei der Neuerteilung der Fahrerlaubnis auf Probe, wenn die Fahrerlaubnis wegen innerhalb der verlängerten Probezeit nach Aufbauseminar begangener weiterer Zuwiderhandlungen entzogen war.

Sachverständigengutachten

Eine 78 Jahre alte Frau verursacht einen Verkehrsunfall. Sie wollte nach rechts abbiegen. Dabei übersah sie eine Fahrradfahrerin, erfasste sie und schleifte das Fahrrad 50 Meter mit. Der Verkehrsunfallanzeige nach konnte sie erst durch eine Zeugin zum Anhalten gebracht werden und hatte weder von dem Zusammenstoß noch von dem verkeilten Fahrrad etwas bemerkt. Das Strafverfahren wegen Verdachts der fahrlässigen Körperverletzung wurde gegen Zahlung eines Geldbetrags eingestellt. Die Staatsanwaltschaft informierte die Fahrerlaubnisbehörde. Diese ordnete die Durchführung einer Fahrverhaltensprobe an.

Bei der Fahrverhaltensprobe wird im Beisein eines Fahrlehrers durch einen amtlich anerkannten Sachverständigen oder einen Prüfer für den Kraftfahrzeugverkehr eine praktische Fahrprobe im Straßenverkehr durchgeführt. Diese läuft ähnlich wie eine Fahrerlaubnisprüfung ab.

Die Fahrerlaubnisbehörde kann aber auch eine Leistungstestung mit einer Fahrverhaltensbeobachtung durch einen Verkehrspsychologen in einer anerkannten MPU-Stelle anordnen. Hier wird eine Reihe definierter Verhaltenskategorien (Spur-, Geschwindigkeits-, Kommunikations- und Abstandsverhalten sowie sicherndes Verhalten und Art der Fahrbahnbenutzung) gezielt registriert. Außerdem wird das Fahrverhalten nach weiteren Kategorien (Risiko-, Partner- und Konfliktverhalten, Aufmerksamkeit, Orientierung, Anpassung, Antizipation) beobachtet.

Nehmen Sie zur Vorbereitung ein paar Fahrstunden mit dem Sie später während der Fahrverhaltensprobe begleitenden Fahrlehrer.

Die Notwendigkeit, ein Gutachten eines amtlich anerkannten Sachverständigen oder Prüfers vorzulegen, kann

- sich auch aus dem Inhalt eines zuvor eingeholten ärztlichen oder medizinisch-psychologischen Gutachtens ergeben oder

- zur Klärung der Frage erforderlich sein, ob ein körperlich behinderter Fahrerlaubniserwerber eventuell mit besonderen Hilfsmitteln ein Kraftfahrzeug der von ihm beantragten Fahrerlaubnisklasse sicher führen kann. In diesem Fall könnte die Erteilung einer beschränkten Fahrerlaubnis oder einer Fahrerlaubnis mit Auflagen infrage kommen.

Einverständniserklärung

Jeder schriftlichen Aufklärungsanordnung fügt die Fahrerlaubnisbehörde eine Erklärung bei, dass sich der zu Untersuchende damit einverstanden erklärt, sich der angeordneten Begutachtung auf eigene Kosten zu unterziehen. Auf der Erklärung ist die Begutachtungsstelle oder der Gutachter anzukreuzen oder anzugeben, bei wem die Untersuchung stattfinden soll.

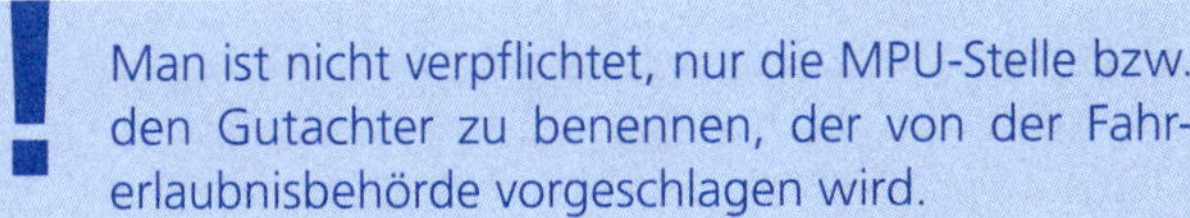

! Man ist nicht verpflichtet, nur die MPU-Stelle bzw. den Gutachter zu benennen, der von der Fahrerlaubnisbehörde vorgeschlagen wird.

! Kreuzen Sie auf der Einverständniserklärung auf jeden Fall an, dass Sie den Gutachter nicht von seiner Verschwiegenheitsverpflichtung entbinden.

Beide Gutachtenexemplare sollen zunächst einmal zu Ihnen nach Hause geschickt werden. Keinesfalls soll ein Exemplar direkt an die Fahrerlaubnisbehörde geschickt werden. Sollte nämlich das Gutachten zu einem negativen Ergebnis kommen, nehmen Sie den Antrag auf Neuerteilung der

Fahrerlaubnis zurück bzw. lassen sich mit einem Bescheid der Fahrerlaubnisbehörde die Fahrerlaubnis entziehen. Zu gegebener Zeit kann dann ein (neuer) Antrag auf Neuerteilung der Fahrerlaubnis gestellt werden. So wird verhindert, dass die Fahrerlaubnisbehörde den Inhalt eines negativen Gutachtens zur Kenntnis nimmt und dieses der Führerscheinakte beifügt. Anderenfalls würden Gutachter der neuen MPU hierauf Bezug nehmen, was das Bestehen der Untersuchung erschwert.

Ablauf und Teilbereiche der MPU

Die Fragestellungen

Die ärztliche und medizinisch-psychologische Untersuchung muss

- anlassbezogen,
- unter Verwendung der von der Fahrerlaubnisbehörde zugesandten Vorgänge über den Betroffenen und
- nach anerkannten wissenschaftlichen Grundsätzen

durchgeführt werden. Um dies zu ermöglichen, legt die Fahrerlaubnisbehörde – unter Berücksichtigung der Besonderheiten des Falles – in der Anordnung des Gutachtens fest, welche Fragen klärungsbedürftig sind. Diese teilt die Behörde zunächst einmal dem Betroffenen in der Untersuchungsanordnung und dann – nach Einverständnis des Betroffenen mit der Untersuchung – der von dem Betroffenen ausgewählten Begutachtungsstelle für Fahreignung (MPU-Stelle) mit.

Die Anordnung des Gutachtens muss den Sachverhalt, aus dem sich Zweifel an der Eignung zum Führen von Kraftfahrzeugen ergeben, in verständlicher Form beinhalten. Die Fahrerlaubnisbehörde genügt ihrer Mitteilungs- und Darlegungspflicht gegenüber dem Betroffenen nur durch substantiierte Darlegung der Tatsachen, auf denen diese Zweifel beruhen. Die Fragestellung muss klar, deutlich und so bestimmt formuliert werden, dass der Adressat etwas damit anzufangen weiß und diese auch in Zusammenhang mit dem Anlass für die Fragestellung bringen kann.

Beispiele für Fragestellungen

Ausreichend sind z. B.

- *„Ist der zu Untersuchende trotz der genannten Bedenken und vermutlich altersbedingter gesundheitlicher Einschränkungen in der Lage, sicher ein Kraftfahrzeug der Klasse B/BE zu führen?" oder*
- *„Ist zu erwarten, dass der zu Untersuchende auch zukünftig unter Alkoholeinfluss fahren wird und/oder liegen als Folge eines unkontrollierten Alkoholkonsums Beeinträchtigungen vor, die das sichere Führen eines Kraftfahrzeugs infrage stellen?"*

Wird ein fachärztliches Gutachten verlangt, muss die Fahrerlaubnisbehörde die Fachrichtung des Arztes angeben.

Die Auflage, ein Gutachten beizubringen und sich untersuchen zu lassen, ist nicht gesondert anfechtbar, da es sich um eine bloße sogenannte Aufklärungsanordnung handelt.

Ignorieren Sie aber eine nicht den Formalien entsprechende Fragestellung (was genau will die Behörde eigentlich?) nicht einfach!

Wird nämlich auf die Gutachtenanordnung nicht reagiert (also kein Gutachten vorgelegt), wird ein Antrag auf Neuerteilung der Fahrerlaubnis abgelehnt oder die Fahrerlaubnis entzogen – Widerspruch und Klage haben hier keine aufschiebende Wirkung. Bis zu einem Widerspruchsbescheid oder einem Gerichtsurteil bleibt es bei dem Verlust des Führerscheins.

Die formale Ablehnung eines Antrags auf Neuerteilung der Fahrerlaubnis wird in das Fahreignungsregister eingetragen, bleibt dort 15 Jahre erfasst und schleppt davor enthaltene Entscheidungen, die ansonsten bereits hätten gelöscht werden können, mit. Um dies zu verhindern, sollte man gegebenenfalls den Antrag auf Neuerteilung der Fahrerlaubnis besser zurücknehmen.

Maßgeblich ist allein der Anlass für eine Gutachtenanordnung: Begründet dieser Zweifel an der Fahreignung oder nicht? Hierauf kommt es an. Dies gilt es zu prüfen bzw. rechtlich zu bewerten. Im Übrigen kann die Fahrerlaubnisbehörde die Fragestellung auch im weiteren Verlauf des (Widerspruchs-)Verfahrens anpassen und konkretisieren. Sich einer Untersuchung zu widersetzen ist in den weit überwiegenden Fällen unbegründet und erfolglos!

Ablauf der MPU

Nachdem man bei der Fahrerlaubnisbehörde festgelegt hat, bei welcher anerkannten Begutachtungsstelle für Fahreignung (BfF) man seine MPU machen lassen will, wird die Führerscheinakte dorthin gesandt.

Die beauftragte BfF legt auf der Basis der Fragestellung(en) der Behörde und dem Akteninhalt fest, welchen Umfang die Untersuchung haben muss. Danach setzt sich die BfF schriftlich mit dem MPU-Teilnehmer in Verbindung und informiert ihn über die weitere Vorgehensweise und die Kosten. Meist werden diesem Schreiben allgemeine Informationsmaterialien zur MPU beigelegt.

Untersuchungskosten und Termin

In der Regel informiert die BfF den MPU-Teilnehmer zunächst darüber, dass die festgelegten Untersuchungskosten zu entrichten sind und dass er nach Geldeingang zur Untersuchung eingeladen wird.

Wenn das Einladungsschreiben kommt und der vorgeschlagene Termin nicht wahrgenommen werden kann, vereinbart man telefonisch einen Alternativtermin. Der Termin ist immer nur als Vorschlag zu verstehen. Falls man aber zu kurzfristig einen Termin absagen muss, kann es jedoch sein, dass Ausfallkosten für einbestellte Gutachter berechnet werden, die nicht anderweitig beschäftigt werden können.

Falls Sie plötzlich erkranken oder beruflich verhindert sind, lassen Sie sich entsprechende Bestätigungen durch den Arzt oder den Arbeitgeber erteilen, um gegebenenfalls Zusatzkosten zu verhindern.

Manche Begutachtungsstellen haben kein Vorauszahlungssystem und organisieren den Geschäftsbetrieb über Barkasse: In solchen Fällen bekommt man sofort den Untersuchungstermin mitgeteilt und bringt den zu zahlenden Betrag bar zur Untersuchung mit. In vielen Stellen ist auch die Zahlung per Scheckkarte möglich (bitte vorher abklären).

Falls man einen früheren Untersuchungstermin möchte, setzt man sich mit der Begutachtungsstelle in Verbindung und stimmt sich über die mögliche Vorgehensweise ab: Je nach Träger und Stelle kann man beispielsweise statt Vorkasse Barzahlung vereinbaren oder absprechen, dass man kurzfristig bei Ausfällen einspringen kann und angerufen wird.

Man geht grundsätzlich einen Werkvertrag nach §§ 157, 242, 631 des Bürgerlichen Gesetzbuches (BGB) mit der Begutachtungsstelle ein. Es besteht kein Anspruch auf einen bestimmten Gutachter. Wie bereits erwähnt: Der untersuchende Arzt oder Psychologe darf nicht der behandelnde Arzt oder Psychologe sein. Zudem ist in der Fahrerlaubnis-Verordnung (FeV) in Anlage 15 geregelt, dass Träger von Begutachtungsstellen für Fahreignung nicht zugleich Träger von Maßnahmen zur Fahrerausbildung oder von Kursen zur Wiederherstellung der Kraftfahreignung ist, und keine Maßnahmen zur Verhaltens- und Einstellungsänderung zur Vorbereitung auf eine Begutachtung zur Fahreignung durchführt.

Formalien vor der Untersuchung

Am Untersuchungstag selbst wird in der Regel zunächst eine Identitätskontrolle mit dem Personalausweis bzw. einem gültigen Pass durchgeführt. Anschließend werden die MPU-Teilnehmer über den Ablauf des Untersuchungstermins informiert und die weiteren notwendigen Dokumente durchgesprochen und unterschrieben. Dies sind Einverständniserklärung zur Verarbeitung und Speicherung der persönlichen Daten, Vereinbarungen zur Zweitschrift des Gutachtens und gegebenenfalls Einverständniserklärung zum Versand des Gutachtens.

Die MPU selbst gliedert sich in drei Teilbereiche mit

- einer Leistungstestung,
- der medizinischen Untersuchung und
- dem verkehrspsychologischen Gespräch.

In der Regel beginnt man mit dem Ausfüllen von Fragebögen, in denen zum einen die biografischen Daten und zum anderen die bisherigen medizinisch wichtigen Dinge erfragt werden: Dies sind Angaben zu gegenwärtigen oder früheren Medikamenteneinnahmen, der Krankheitsvorgeschichte, medizinischen Besonderheiten und ob man sich am Untersuchungstag gesund und leistungsfähig fühlt, um an der Untersuchung teilnehmen zu können. Damit sichern sich die Gutachter ab, um bei eventuell schlechten Leistungstests nicht nachträglich diesen Entschuldigungsgrund akzeptieren zu müssen.

Wenn man sich nicht ausreichend fit und gesund fühlt, muss und sollte man dies spätestens beim Ausfüllen des medizinischen Erhebungsbogens angeben. Bei Befindlichkeitsstörungen sollte man sich nicht der MPU unterziehen. Dies kann sich auf die Leistungsergebnisse negativ auswirken.

Bei Alkoholfragestellungen wird man spezifisch nach Störungen und Symptomen befragt, die im Zusammenhang mit dem Alkoholkonsum stehen können. Auch frühere und gegenwärtige Alkoholkonsummengen können und werden erfragt. Bei Drogen- und Medikamentenkonsum in der Vorgeschichte werden auch diese Dinge abgefragt. Welche Drogen oder Medikamente hat man wann und wie oft konsumiert?

Es ist sehr wichtig, sich die früheren Trink- bzw. Konsummengen an Drogen/Medikamenten klar zu machen, damit man bei der schriftlichen und mündlichen Befragung genaue und nachvollziehbare Angaben machen kann.

Leistungsuntersuchung

Die Leistungsuntersuchung ist in der Regel der nächste Schritt in der MPU. Hier werden grundlegende geistige bzw. psychisch-funktionale Voraussetzungen überprüft, um am Straßenverkehr ausreichend sicher teilnehmen zu können.

Umfang und Art der durchgeführten Tests richten sich nach den Fragestellungen der Behörde und den Ergebnissen, die erreicht werden. Gegenwärtig gibt es drei verschiedene Testsysteme, die in den MPU-Stellen eingesetzt werden:

- Wiener Testsystem WTS der Firma Schuhfried. Das WTS ist das Standardsystem in vielen Begutachtungsstellen, insbesondere bei den Stellen der TÜV-Organisationen. Das WTS ist auch in vielen medizinischen und psychologischen Praxen im Einsatz. Detaillierte Dokumentationen sind auf der Homepage der Firma Schuhfried zu finden: https://www.schuhfried.com.
- Psychometrisches Testsystem Corporal Plus von der Firma Vistec AG. Dieses Testsystem wird besonders bei den Begutachtungsstellen der DEKRA eingesetzt. Weiterführende Informationen hierzu können über die Homepage der Firma Vistec recherchiert werden: https://www.vistec-support.de.

- TAP-M von der Firma Psytest Vera Fimm – Psychologische Testsysteme. Weiterführende Informationen können auch hier über die Homepage der Firma Psytest recherchiert werden: https://www.psytest.net.

Die Aufgabe aller Testsysteme bei der MPU ist, die folgenden kraftfahrrelevanten Bereiche zu erfassen:

- Aufmerksamkeit,
- Belastbarkeit,
- Konzentration,
- Orientierung,
- Reaktionsfähigkeit.

Alle drei Testsysteme haben für diese fünf Leistungsbereiche unterschiedliche Untertests. Zu jedem dieser Bereiche gibt es in der Regel auch mindestens zwei Untertests, damit man bei Wiederholungsmessungen auf ein zweites Verfahren ausweichen und die Befunde doppelt absichern kann.

Je nach Fragestellung werden unterschiedlich viele Tests durchgeführt. Bei den Standardfragestellungen werden in der Regel nur zwei bis drei Testverfahren verwendet. Sind dort die geforderten Werte erreicht, wird der Test beendet.

Bei Spezialfragestellungen, die die Leistungsfähigkeit bei den Betroffenen – insbesondere bei körperlichen Erkrankungen – erfassen müssen, wird dagegen entsprechend intensiver und mit mehreren Testverfahren gearbeitet. In den Fällen, in denen es um die psychische Mindestausstattung zum Führen von Kraftfahrzeugen geht, kommen ebenfalls Intelligenztests zum Einsatz. Auch eine Reihe weiterer Testverfahren aus den jeweiligen verkehrsrelevanten Leistungsbereichen können eingesetzt werden.

Seit einigen Jahren wird in der Fahrerlaubnis-Verordnung (FeV) unter § 71a Abs. 3 geregelt, dass alle Testverfahren und -geräte, die in der Fahreignungsuntersuchung eingesetzt werden sollen, durch einen von der Bundesanstalt für Straßenwesen (BASt) anerkannten Träger einer wissenschaftlichen Stelle auf ihre Eignung zum Einsatz im Rahmen der Fahreignungsbegutachtung oder einer Eignungsuntersuchung nach § 11 Abs. 9 Fahrerlaubnis-Verordnung (FeV) überprüft werden müssen. Die BASt gibt diese Verfahren bzw. Geräte nach erfolgreicher Prüfung frei und nur diese Verfahren dürfen von den MPU-Stellen eingesetzt werden. Die Voraussetzungen für die Anerkennung dieser Stelle ist in Anlage 14a Fahrerlaubnis-Verordnung (FeV) geregelt. Die Liste dieser anerkannten Verfahren und -geräte wird von der BASt fortlaufend geführt und veröffentlicht und kann unter https://www.bast.de/VerhaltenundSicherheit/Qualitätsbewertung/Anerkennung jeweils mit dem aktuellen Stand der Anerkennung durch die BASt nachgelesen werden. Dort sind auch die jeweiligen Untertests je Testsystem (-gerät) bezogen auf die Leistungsbereiche in einer übersichtlichen Tabelle aufgeführt. Auch die gegenwärtig anerkannte Stelle durch die BASt ist dort auf der Homepage aufgeführt (TransMIT Gesellschaft für Technologietransfer mbH).

Leistungsmessung

Erfasst wird die Leistung auf einer Skala von 0–100. Diese Testergebnisse werden „Prozentrangwert" genannt. Der Prozentrang (PR) gibt an, wie viel Prozent einer vergleichbaren Gruppe von Personen – gemessen an der Gesamtnorm – schlechtere bzw. gleiche Leistungen erzielt haben. Maximal erreichbar ist ein PR von 100, die schlechteste Leistung erhält den PR 0. Der mittlere Wert (PR 50) spiegelt die durchschnittlich zu erwartende Leistung wider.

- Bei Fahrerlaubnisklassen der Gruppe 1 nach den Begutachtungsleitlinien (Pkw- und Motorradfahrer) ist zu fordern, dass in allen eingesetzten Verfahren der Prozentrang 16 erreicht oder überschritten werden muss. Ausnahmen können Grenzwertunterschreitungen sein, wenn sie durch situationsbedingte Einflüsse erklärt werden können (Ablenkungen, Störungen usw.). Hier wird aber meistens ein Ersatz- oder Wiederholungstest durchgeführt.
- Hiervon kann nur abgesehen werden, wenn in einzelnen Untertests bei Abweichungen nach unten Kompensationsmöglichkeiten gegeben sind und sichergestellt ist, dass eine Mängelanhäufung ausgeschlossen ist.
- Bei den Bewerbern oder Besitzern der höheren Fahrerlaubnisklassen der Gruppe 2 nach den Beurteilungs-Leitlinien zur Kraftfahrereignung (Lkw- und Busfahrer sowie Fahrgastbeförderer) gelten deutlich höhere Grenzwerte. Dort wird gefordert, dass in der Mehrzahl der eingesetzten Verfahren der Prozentrang 33 erreicht oder überschritten werden muss, dass aber der Prozentrang 16 in den relevanten Verfahren ausnahmslos erreicht sein muss.

An Personen, die eine deutlich höhere Verantwortung im Straßenverkehr tragen müssen, werden somit auch deutlich höhere Leistungsanforderungen gestellt. Hier ist es auch irrelevant, ob eine Person – gemessen an ihrer Altersgruppe – noch eine ausreichende Leistung erbringt. Wichtig zu wissen ist dabei aber auch, dass man keine sehr guten Leistungen erbringen muss. Man muss nur die Mindestanforderungen erreichen, die bei PR 16 liegen. Dies bedeutet, dass nur noch 16 % der Personen in der (Referenz-)Vergleichsgruppe schlechter abschneiden.

Wenn man keine Fragestellung im psychischen Leistungsbereich hat – beispielsweise bei körperlichen Erkrankungen, die sich auch auf diese Bereiche auswirken können und insbesondere bei älteren erkrankten Kraftfahrern –, hat die Leistungstestung einen deutlich geringeren Stellenwert in der MPU, als von den meisten Personen angenommen wird.

Im Bereich von Alkohol- und Drogenfragestellungen können jedoch schlechte Leistungsergebnisse als Resultat eines sehr belastenden Langzeitkonsums und der damit verbundenen Auswirkungen interpretiert werden.

Wichtig ist es, sich wegen der Leistungsuntersuchung nicht zu sehr unter Stress zu setzen. Andere Dinge sind in der MPU meist sehr viel wichtiger und es gibt zudem Ausgleichsmöglichkeiten bei zu schlechten Leistungstestungen.

Wenn die restlichen Befunde ein positives MPU-Ergebnis ergeben würden, können schlechte Leistungsergebnisse in der Regel durch eine psychologische Fahrverhaltensbeobachtung ausgeglichen werden.

Ärztlicher Teil

Auch der ärztliche Teil bzw. die medizinische Untersuchung in der MPU gestalten sich je nach Fragestellung unterschiedlich und werden genau auf den jeweiligen Anlass ausgerichtet.

Im Rahmen der körperlichen Untersuchung wird der gegenwärtige Gesundheitszustand mit den relevanten Kennwerten erfasst, wie beispielsweise Gewicht, Herz- und Kreislauffunktionen, Reflexe, Koordination und Beweglichkeit. Der Untersuchungsumfang wird durch die Fragestellung bestimmt. Dazu kann z. B. auch die Erfassung der Sehleistung gehören mit Untersuchung der Sehschärfe, des Gesichtsfeldes, des Farbsinns und der Blendempfindlichkeit.

Bei alkoholspezifischen Fragestellungen wird der Arzt bei der körperlichen Untersuchung besonders die Organsysteme betrachten, bei denen Auswirkungen eines längerfristigen oder akuten Alkoholkonsums zu erwarten sind. Dazu gehört

- die Überprüfung von Hautveränderungen sowie von neurologischen und vegetativen Auffälligkeiten sowie
- die Untersuchung der Konsistenz und Größe der Leber (durch Tastuntersuchung).

Regelmäßig erfolgt eine Blutentnahme zur Bestimmung der relevanten Leberwerte (GOT, GPT und GGT), an denen sich wichtige durch Alkohol bedingte Veränderungen der Leber feststellen lassen. Insbesondere eine isolierte Erhöhung des GGT-Werts kann als typisch für eine durch Alkohol hervorgerufene Leberfunktionsstörung angesehen werden – besonders wenn keine anderweitigen Ursachen bekannt sind.

Grundsätzlich gilt für die Bewertung aller körperlichen und laborchemischen Auffälligkeiten, dass alle anderen Ursachen abgeklärt werden müssen, da ansonsten eine eindeutige Zuordnung zum Alkoholkonsum nicht erfolgen kann. Dies erfordert allerdings die Mithilfe des MPU-Teilnehmers, der dann Nachweise vorlegen muss, dass die diagnostizierten Auffälligkeiten auch aus anderen Ursachen (beispielsweise

Erkrankungen aus der Vorgeschichte) resultieren können. Hier muss unbedingt ein entsprechendes medizinisches Fachattest vorgelegt werden.

Damit man in der MPU keine unliebsamen Überraschungen erlebt, ist es wichtig, frühzeitig seinen Leberstatus (GOT, GPT, GGT) feststellen zu lassen. Bei Auffälligkeiten sollte man mögliche Ursachen abklären, die für eine solche Erhöhung verantwortlich sein können und nicht durch Alkohol bedingt sind. Bitte unbedingt über ein ärztliches Attest bescheinigen lassen.

Falls Alkoholabstinenz über einen längeren Zeitraum belegt werden soll/muss, sind auch mehrere Leberwertkontrollen oft nicht zielführend. Da viele Personen auch bei sehr hohem Alkoholkonsum normale Leberwerte haben, ist auch eine Dokumentation von unauffälligen Leberwerten zu mehreren Zeitpunkten leider kein ausreichender Beleg dafür, dass tatsächlich eine abstinente Lebensweise vorliegt. Eine Ausnahme davon sind Personen, die nachweisen können, dass ihre Leberwerte während einer intensiven Alkoholkonsumzeit erhöht waren. Die Normalisierung der Leberwerte kann dann den Alkoholverzicht verdeutlichen.

Leberwertdokumentationen sind in der Regel nur bei vorliegenden früher erhöhten Werten sinnvoll und effektiv. Ohne Vergleichswerte zeigen sie den guten Willen des MPU-Teilnehmers, belegen aber nicht die Abstinenz. Deshalb Geld und Zeit sparen.

Gelegentlich lässt sich ein Alkoholverzicht auch über eine kontinuierliche Absenkung früher durch Alkohol erhöhter Leberwerte dokumentieren. Entsprechende Kontrollen müssten in einem Abstand von zwei bis drei Monaten immer wieder wiederholt und bei der MPU vorgelegt werden. Diese Kontrollen kann man bei seinem Hausarzt, entsprechenden Laborärzten oder auch bei Begutachtungsstellen vornehmen lassen.

Gegenwärtig ist die Erhebung eines spezifischen Alkoholkonsummarkers, der EtG-Wert (Ethylglucuronid), bei der Abstinenzdokumentation das Instrument der Wahl. Hiermit kann der Konsum von Alkohol bzw. das Einhalten einer Abstinenz nachvollziehbar belegt werden. Das EtG ist ein Abbauprodukt des Alkohols und spezifisch für Alkoholkonsum. In der MPU selbst kann es als Abstinenzdokumentation jedoch nur in Form einer Haaranalyse für einen Zeitraum von drei Monaten eingesetzt werden, wenn die Haare entsprechend lang sind (man benötigt 1 cm pro Monat). Für längere Zeiträume müssen mehrere Haaranalysen erfolgen. EtG-Analysen können auch zur Abstinenzdokumentation über den abgegebenen Urin erhoben werden. Sie belegen aber nur punktuell für einen bestimmten Zeitpunkt, dass kein Alkohol konsumiert wurde. Deshalb wird eine EtG-Analyse auch nicht standardmäßig bei der MPU eingesetzt, sondern nur – je nach Voraussetzungen des Einzelfalls – wo es sinnvoll erscheint.

In der Neuauflage der Beurteilungskriterien zur Kraftfahrereignung in der 4. Auflage (erschienen 2022 im Kirschbaum Verlag) kann man unter dem Kapitel C. 3 chemisch-toxikologische Untersuchungen (CTU) alle relevanten Informationen und Regelungen finden, die im Zusammenhang mit den eingesetzten Alkoholkonsummarkern und Dogenkontrollen von Bedeutung sind und, die unbedingt Beachtung finden sollten, damit es keine Probleme gibt hinsichtlich der Anerkennung/Akzeptanz durch die Gutachter in der Fahreignungsbegutachtung.

Neben dem EtG wird in der 4. Auflage der Beurteilungskriterien nun auch als weiterer guter Alkoholmarker die Analyse des PEth-Wertes empfohlen (Phosphatidylethanol). Auch das PEth ist wie das EtG ein Reaktionsprodukt des Körpers auf Alkoholkonsum. Alkohol (Ethanol) reagiert mit körpereigenen Substanzen, die im Körper bei der Anwesenheit von Ethanol gebildet werden. Marker wie EtG und PEth treten im Körper bereits bei Konsum von geringen Mengen Alkohol auf und eignen sich daher besonders für die Überprüfung einer Abstinenz. Der PEth-Wert wird im Gegensatz zum EtG durch eine Blutentnahme gewonnen, wohingegen EtG über Urin oder Haare erfasst wird. Beide Werte können herangezogen werden, um eine Abstinenz zu belegen, aber auch um Aussagen über eine geändertes Alkoholkonsumverhalten bezogen auf die letzten Wochen oder Monate vor der Analyse zu erhalten und ggf. geändertes Alkoholkonsumverhalten argumentativ zu unterstützen.

Als Kontrollprogramm mit mehreren Erhebungen sind diese beiden Werte die beste Methode, um Alkoholabstinenz nachweisen zu können. Allerdings muss ein vorgelegtes Kontrollprogramm bestimmte klar formulierte Vorgaben erfüllen und in den Befundmitteilungen nachvollziehbar dokumentiert sein, damit es in der MPU anerkannt werden kann. Die mitgelieferten Abstinenzbelege werden von den Gutachtern sehr genau auf die Einhaltung dieser Kriterien überprüft – und es ist sehr ratsam, sich diese Dokumentationen nur in

Einrichtungen ausstellen zu lassen, die über das entsprechende Know-how verfügen.

Im Bereich der Drogenkonsumenten werden in der medizinischen Untersuchung polytoxikologische Drogentests auf alle gängigen Drogensubstanzen durchgeführt. Dies macht die Tests zwar deutlich teurer, ist jedoch wichtig, da bekannt ist, dass viele Drogenkonsumenten verschiedene Drogenarten einnehmen. Wenn man nur auf die Drogensubstanzen prüfen würde, die aus der Vorgeschichte bekannt sind, würde man zu viele Konsumenten übersehen. Um Manipulationen auszuschließen, wird die Abgabe des Urins kontrolliert, unter anderem damit kein Fremdurin abgegeben wird. Zusätzlich wird der Verdünnungsgrad des Urins erfasst (Kreatininwert), damit sichergestellt ist, dass der Urin auch verwertbar ist.

Abstinenzbelege im Bereich Drogen und Alkohol (EtG) lassen sich auch über Haaranalysen erbringen. Dies hat den Vorteil, dass man weniger oft zu einer Entnahme- oder Abgabestelle (z. B. Begutachtungsstelle für Fahreignung) gehen muss. Pro Monat Abstinenzzeitraum muss man etwa 1 cm Haarlänge rechnen.

Welche Punkte sind bei den Abstinenzkontrollen zu beachten, die zur MPU vorgelegt werden sollen?

Die Bestimmungen zur Durchführung und Dokumentation der Abstinenznachweise sind in den Beurteilungskriterien, den sogenannten CTU-Kriterien, festgelegt, die regelmäßig an den neuesten Stand von Wissenschaft und Technik angepasst werden. In Anlage 4a Nr. 6 Buchst. b Fahrerlaubnis-Verordnung (FeV) ist zudem geregelt, welche (Abstinenz-) Belege nur anerkannt werden können. Die Belege dürfen nur von Stellen erhoben werden, welche die nach dem Stand der Wissenschaft und Technik erforderlichen Rahmenbedingungen der Abstinenzkontrollen wie Terminvergabe, Identitätskontrolle und Probeentnahme gewährleisten; dies kann angenommen werden, wenn die Verantwortlichkeiten für Befunderhebung und -auswertung von einem Facharzt mit verkehrsmedizinischer Qualifikation, der nicht zugleich der den Betroffenen behandelnde Arzt sein darf,

- einem Arzt des Gesundheitsamtes oder anderem Arzt der öffentlichen Verwaltung,
- einem Arzt mit der Gebietsbezeichnung „Facharzt für Rechtsmedizin",
- einem Arzt mit der Gebietsbezeichnung „Arbeitsmedizin" oder der Zusatzbezeichnung „Betriebsmedizin",
- einem Arzt in einer Begutachtungsstelle für Fahreignung,
- einem Arzt/Toxikologen in einem forensisch-toxikologischen Zwecke akkreditiertem Labor

durchgeführt wurden.

Bei diesen Personen/Verantwortlichen wird zunächst ohne weitere Prüfung davon ausgegangen, dass sie die erforderliche Qualifikation für die Durchführung der Abstinenzkontrollen nach dem Stand der Wissenschaft und Technik haben, und dass sie die gültigen Standards zuverlässig anwenden. Dies gilt bis zum Beweis des Gegenteils, wenn z. B.

die Bescheinigungen nicht den Anforderungen genügen oder Durchführungsfehler offenkundig werden.

Die Probeentnahme kann durch die aufgeführten Ärzte erfolgen aber auch durch nachgeordnetes Personal mit geeigneter Fachausbildung durchgeführt werden. Dies sind in der Regel Arzthelfer, Medizinische Fachangestellte MFA oder technische Mitarbeiter (z.B. MTA/CTA/BTA), die entsprechend qualifiziert, eingewiesen und autorisiert sind. Dazu bedarf es auch eines Qualitätsmanagement-Systems, in dem die ordnungsgemäße Einarbeitung und Autorisation dokumentiert sind.

Die vorzulegenden Bescheinigungen/Nachweise müssen bestimmte Vorgaben erfüllen, die recht speziell sind, aber unbedingt beachtet werden müssen, damit die Belege auch akzeptiert werden können. Einige wichtige Aspekte und Rahmenbedingungen bei der Durchführung der Kontrollprogramme sind deshalb nachfolgend aufgeführt:

- Zu Beginn des Nachweisprogramms müssen mit den Teilnehmern der Kontrollzeitraum mit der Mindestanzahl der Kontrollen sowie die bestimmenden Substanzen festgelegt werden. Spätere Abweichungen (z.B. Verlängerungen des Programmes) müssen nachvollziehbar dokumentiert sein.
- Die Verfügbarkeit des Teilnehmers wird festgelegt und muss gesichert sein. Klare Definitionen der Erreichbarkeit (Mobilfunknummern, E-Mailadresse) müssen erfolgen und Verpflichtungen zur täglichen Kontrolle des Nachrichteneinganges durch die Programmteilnehmer sind erforderlich. Nachvollziehbare Verhaltensregeln bei Abwesenheit müssen definiert werden (z.B. Meldung von Urlaubszeiten, Schichtplänen usw.), sodass eine Einbestellung auch

umgesetzt werden kann. Auch muss auf die geltenden Bestimmungen der Datenschutzgrundverordnung hingewiesen werden. Die wichtigen Regelungen werden meistens in Form eines Merkblattes ausgehändigt und ein Vertrag mit der durchführenden Stelle wird abgeschlossen.

- Bei Haaranalysen ist der Abschluss eines kompletten Programmes nicht erforderlich. Wird aber ein Programm vereinbart, muss auch hier ein zusammenfassender Abschlussbericht erstellt werden.
- Die Kontrolldichte des Programmes (Urin und Blut) ist so zu gestalten, dass in der Regel nicht weniger als drei Kontrollen in sechs Monaten liegen. Die erste und letzte Kontrolle im Kontrollzeitraum findet spätestens sechs Wochen nach Programmstart bzw. frühestens sechs Wochen vor Programmende statt.
- Das Programm beginnt mit dem bei der Anmeldung festgesetzten Datum und endet mit dem letzten Tag des vereinbarten Zeitraumes, unabhängig davon, wann die einzelnen Einbestellungen und Analysen erfolgen.
- Die Einbestellungen müssen sehr kurzfristig erfolgen, da viele Drogen nur über einen sehr kurzen Zeitraum im Urin nachweisbar sind. Dies gilt übrigens auch für Alkoholabstinenzkontrollen über EtG im Urin. Hier ist es notwendig, dass die Urinabgabe – nachvollziehbar dokumentiert – spätestens am Folgetag der Einbestellung (Anruf oder Posteingang entsprechend Vertrag zum Programm) erfolgt und die Termine nicht vorhersehbar sind. Bei Blutuntersuchungen auf PEth kann der Einbestellzeitpunkt um einen Tag verlängert werden.

- Für einen Programmzeitraum von sechs Monaten wird die Beibringung von mindestens vier, für ein Programmzeitraum von zwölf Monaten von mindestens sechs und für einen Programmzeitraum von 15 Monaten mindestens sieben unauffällige Urinproben (bzw. Blutproben bei PEth) vorgesehen. Kombinationen von EtG und PEth sind möglich, wie auch Kombinationen von Haaranalysen und Urin-/Blutanalysen.
- Bei der Urinabgabe wird der Verdünnungsgrad erhoben und der Kreatininwert in der Urinprobe analysiert. Dieser Wert darf nicht niedriger als 20 mg/dl sein, da ansonsten die Probe nicht verwertbar ist. Das kann beispielsweise passieren, wenn man sehr viel Flüssigkeit zu sich nimmt, um die Urinabgabe zu beschleunigen. Eine solche Unterschreitung kann maximal zweimal im Rahmen eines Abstinenzprogrammes mit erneuten und möglichst kurzfristigen Einbestellungen zu einem weiteren, unvorhersehbaren Termin ausgeglichen werden.
- Bei Urinkontrollen wird auch direkt bei der Abgabe die Temperatur erhoben, um besser ausschließen zu können, dass Fremdurin abgegeben wurde (Täuschungsversuch).
- Auch dürfen von der letzten Kontrolle bis zur MPU keine langen Zeiträume ohne Kontrollen vorliegen, da hierdurch die „lückenlose" Abstinenzdokumentation infrage gestellt wird. Die generelle Verfügbarkeit für die Kontrollen darf nicht länger als sechs Wochen unterbrochen werden.
- Bei Nichterscheinen zu den Abgabeterminen müssen die Entscheidungsgründe (wie akute Erkrankungen, Unabkömmlichkeit von der Arbeit usw.) glaubhaft attestiert werden.

- Bei den Abstinenzkontrollen muss gewährleistet und dokumentiert sein, dass eine Identitätskontrolle der Person durchgeführt wurde und die Urinabgabe unter Sichtkontrolle erfolgt.
- Es dürfen nur Labore zur Analyse eingesetzt werden, die für forensische Zwecke nach DIN ISO EN 17025 zugelassen sind und die Untersuchungen nach den Standards der Gesellschaft für Toxikologische und Forensische Chemie (GTFCh) durchführen. Billige Schnelltests, die eine zu hohe Fehlerquote haben, dürfen hier nicht eingesetzt werden und werden nicht anerkannt. Nur entsprechend zertifizierte Labore sind in der Lage, auch schwierigere Fragestellungen und Einwendungen fachgerecht zu bearbeiten bzw. bei der Interpretation zu berücksichtigen.
- Haaranalysen als Alkoholabstinenznachweis mit EtG können nur drei Monate abdecken. Drogenabstinenznachweise mit Haaranalysen können bei entsprechender Länge auch sechs Monate abdecken.
- Sehr wichtig ist es außerdem, die Länge des notwendigen Abstinenzzeitraums einzuhalten, der in der MPU gefordert ist. Die Länge des Zeitraums ist abhängig vom Ausmaß der Problematik des Einzelfalls und sollte vorher mit fachkompetenter Unterstützung (z. B. Verkehrspsychologe) abgestimmt werden. Bei Cannabis-Konsum kann es unter Umständen ausreichen, etwa ein halbes Jahr Abstinenz nachzuweisen. Bei allen anderen Drogen wird eine einjährige Abstinenz gefordert. Im Fall von Alkoholmissbrauch kann ein halbes Jahr ausreichen, bei schwerwiegenden Alkoholproblemen ist zumeist ein Jahr Abstinenz notwendig.

- Im Rahmen von Abstinenzkontrollprogrammen müssen die Teilnehmer auf mögliche Verfälschungen der Laborergebnisse insbesondere bei Drogen (beispielsweise bei Konsum von Mohnsamen oder bei Aufenthalt in Räumen mit Cannabisrauch in der Umgebungsluft) hingewiesen und zu entsprechenden vorsorglichen Verhaltensweisen (Vermeidung) aufgefordert werden. Auch das Colorieren (Färben, Tönen, Bleichen) von Haaren ist hier problematisch und kann dazu führen, dass keine Haaranalyse durchgeführt oder eine durchgeführte Analyse nicht anerkannt werden kann. Bei Alkoholkontrollen über EtG sind beispielsweise colorierte oder gebleichte Haare grundsätzlich ausgeschlossen. Bei Drogenkontrollen ist die Nutzung nur unter ganz speziellen Voraussetzungen und Abnahmebedingungen möglich. Hier sollte immer der Rat einer kompetenten Begutachtungsstelle eingeholt werden.
- Bei Alkoholabstinenzkontrollen müssen die Teilnehmer auf den notwendigen Verzicht auf alle alkoholhaltigen Lebensmittel, Medikamente und Mundhygienemittel sowie auf das sog. alkoholfreie Bier (das zum Teil immer noch Alkohol enthält) hingewiesen werden, damit falsche Analyseergebnisse ausgeschlossen werden können.
- Die Abgabe einer Urinprobe muss unter direkter Sicht eines Arztes oder verantwortlichen Toxikologen erfolgen, damit Fälschungsmöglichkeiten ausgeschlossen sind.
- Bei entsprechend anerkannten Institutionen kann nach erfolgtem Erstkontakt mit einem Arzt/Toxikologen auch qualifiziertes, eingewiesenes und autorisiertes Personal mit geeigneter Fachausbildung einbezogen werden. Dazu muss aber auch ein Qualitätsmanagementsystem vorhanden sein.

- Bei Haarproben werden unmittelbar über der Kopfhaut im Bereich des Hinterhauptes mindestens zwei Haarbüschel von der Stärke eines Bleistifts abgeschnitten.
- Für den Versand und die Lagerung der Haar- sowie der Urinproben sind genaue Vorgaben und Regelungen vorgegeben und müssen entsprechend eingehalten werden.
- Wichtig ist ebenfalls, dass die Stelle, die eine Urin-, Blut- oder Haarprobe abnimmt, keinen Interessenskonflikt bei Nachweis von Alkohol- bzw. Suchtstoffkonsum hat. Das wäre z. B. der Fall, wenn die Institution eine Suchtberatung macht oder andere Maßnahmen der Vorbereitung auf eine MPU durchführen und das Personal, das die Probeentnahme durchführt, auch in die Beratungsaufgaben eingebunden ist und vertragliche Beziehungen zu der Beratungsstelle hat.

Die Dokumentation des Abstinenzprogrammes mit den Abstinenznachweisen (qualifizierte Befundmitteilungen) kann/soll von der durchführenden Stelle nach Abschluss des Programms in einem zusammenfassenden Abschlussbericht erfolgen. Die einzelnen Analyseergebnisse zu den abgegebenen Proben müssen dem zu Untersuchenden eindeutig zuzuordnen sein und die jeweils untersuchten Stoffgruppen enthalten. Dazu muss auch der Untersuchungsauftrag mit dem Umfang der vereinbarten und durchgeführten Kontrollen sowie die eingesetzten Analysemethoden mit den Cut-off-Werten dokumentiert sein. Weiter müssen auch entsprechende Hinweise auf durchgeführte Identitäts- und Sichtkontrolle bei der Urinabgabe sowie der Einhaltung der fristgerechten Abgabe und Einbestellungszeiten dargestellt sein, wie auch die notwendige Akkreditierung für forensische Zwecke und die Originalunterschrift der durchführenden Stelle.

Die aufgeführten Punkte und Regelungen stellen nur einen Auszug aus einer Vielzahl von Einzelempfehlungen und -kriterien dar, die bei der Durchführung, Analyse, Dokumentation und Bewertung von Abstinenzkontrollen mit Urin-, Blut- und Haarproben eingehalten werden müssen. Wer sich hierzu noch genauer informieren möchte, dem wird die Lektüre der Beurteilungskriterien (4. Auflage 2022, Kirschbaum Verlag) empfohlen.

Auch hier gilt: Der Antragsteller ist für den Abstinenznachweis verantwortlich. Man muss sich vorher über Anforderungen an und Vorgaben für die Abgabe des Probenmaterials informieren. Sollte eine Probe unverwertbar sein, unterliegt dies der Risikosphäre des Betroffenen. Eine anschließende Diskussion mit der Untersuchungsstelle hilft nicht weiter.

Auf den Punkt gebracht

Bei Abstinenzbelegen, die zur MPU mitgebracht werden, ist sehr genau auf die Qualität und die Einhaltung wichtiger Kriterien zu achten, damit die Belege akzeptiert werden. Bei Unklarheiten, insbesondere bei colorierten Haaren, sollte immer der Rat einer kompetenten Begutachtungsstelle eingeholt werden. Das bedeutet meist einen höheren Preis, da viele organisatorische Vorgaben erfüllt sein müssen. Sparen Sie nicht an der falschen

Stelle: Es zahlt sich nicht aus, wenn die Belege in der MPU nicht anerkannt werden.

Um Zeitverluste zu vermeiden ist es außerdem wichtig, so schnell wie möglich mit dem Nachweis der Alkohol-, Drogen- oder Medikamentenabstinenz zu beginnen.

Verkehrspsychologischer Teil

Der zentrale Bestandteil der verkehrspsychologischen Untersuchung ist das psychologische Untersuchungsgespräch (PUG), die sogenannte Exploration. Sie stellt in den überwiegenden Fällen die Weichen, wie das Ergebnis der MPU ausfallen wird. Insbesondere bei den Hauptfragestellungen Alkohol, Drogen, Verkehrsauffälligkeiten und die Kombinationen daraus kommt es zentral darauf an, dass man nicht nur die entsprechenden Dokumentationen zu Abstinenzzeiträumen vorweisen kann, sondern dass die eingehaltenen Zeiträume oder die vorgenommenen Verhaltensänderungen auch in der Zukunft von Dauer sein werden.

Mit der psychologischen Befragung werden je nach Fragestellung auf der Grundlage einer ausgefeilten Hypothesenstruktur die relevanten Bereiche durchgesprochen und gemäß der insgesamt 76 Kriterien, die den einzelnen Hypothesen unterlegt sind, bewertet und eingeordnet. Der psychologische Gutachter stuft zusammen mit dem ärztlichen Gutachter in der Bewertung der einzelnen Befunde – insbesondere bei Alkohol- und Drogenfällen – die Schwere der Problematik ein. Je nach Bewertung des Ausmaßes der Problematik ergeben sich dann unterschiedlich umfangreiche Vorgaben zur Qualität und Tiefe der Aufarbeitung und Problemlösung. Die Angaben dazu durch den MPU-Teilnehmer und die berichteten vorgenommenen Veränderungen der Betroffenen werden gemäß dieser fachlichen Vorgaben vom psychologischen Gutachter bewertet und eingeordnet. Hier steht die Beantwortung der Frage im Mittelpunkt, ob die vorgenommenen Änderungen des/der Betroffenen ausreichen, um eine stabile Einstellungs- und Verhaltensänderung zu erreichen. Der Gutachter gibt in der Regel am Ende des Gespräches eine Einschätzung darüber ab, ob das vorliegende Problemverhalten ausreichend aufgearbeitet und stabil geändert wurde. Falls dies nicht ausreichend erfolgt ist, besteht aus gutachterlicher Sicht weiterhin eine hohe Gefahr, dass der Betreffende im Straßenverkehr wieder auffällig wird.

Im Alkoholbereich wird die Problemeinschätzung beispielsweise folgendermaßen eingestuft:

- Alkoholabhängigkeit mit der Notwendigkeit der Alkoholabstinenz (Hypothese A1),
- Schwerwiegende Alkoholproblematik mit der Notwendigkeit des Alkoholverzichts (Hypothese A2),
- Alkoholgefährdung mit der Notwendigkeit des dauerhaft kontrollierten Alkoholkonsums (Hypothese A3),
- Keine Alkoholgefährdung, aber Notwendigkeit eines stabilen Trennvermögens zwischen Alkoholkonsum und Fahren (Hypothese A4).

Je nach gutachterlicher Zuordnung müssen dann beispielsweise entsprechende Zeiten mit Abstinenznachweisen dokumentiert sein, die in den vorgegebenen Beurteilungskriterien festgelegt wurden und erfüllt sein müssen, um von einer ausreichenden Stabilität der Verhaltensänderung ausgehen zu können.

- Bei Abhängigkeit (Hypothese A1) muss beispielsweise ein einjähriger Abstinenznachweis über sechs EtG-Urinanalysen oder vier Haaranalysen mit jeweils dreimonatigem Abstand erbracht werden bzw. sechs Blutuntersuchungen mit PEth-Analysen.
- Bei der Hypothese A2 (Alkoholverzicht) muss mindestens sechs Monate ein Alkoholverzicht nachvollziehbar belegt sein. Bei EtG-Urinkontrollen werden vier erwartet und bei Haaranalysen genügen zwei, wenn jeweils ein Zeitraum von drei Monaten erfasst werden konnte. Bei Blutuntersuchungen mit PEth-Analysen sind es ebenfalls vier Kontrollen.
- Im Bereich der Hypothese A3 sind keine Abstinenznachweise mehr notwendig. Es muss jedoch glaubhaft gemacht werden, dass nur noch ein reduzierter und kontrollierter Alkoholkonsum stattfindet. Hier können dann je nach Befundkonstellation auch Leberwerte und EtG- oder PEth-Analysen hilfreich sein, um alkoholfreie Zeiträume nachzuweisen.
- Im Bereich des Trennvermögens (Hypothese A4) müssen die Fähigkeit und der Wille deutlich werden, diese Trennung dauerhaft umzusetzen.

Entscheidende Voraussetzung für eine günstige Prognose ist jedoch die angemessene Problembearbeitung bei den Betroffenen, die im psychologischen Untersuchungsgespräch überprüft wird. Ohne dieses „Fundament“ kann aus gutachterlicher Sicht und gemäß den Beurteilungskriterien keine dauerhafte Verhaltens- und Einstellungsänderung erfolgen, die die Grundlage für eine dauerhafte Bewährung darstellt.

Der psychologische Gutachter fragt deshalb intensiver nach den Beweggründen und nach den Ursachen für das frühere Problemverhalten:

- Hat der Betroffene die richtigen Schlussfolgerungen gezogen und seine früheren Motive ausreichend erkannt?
- Hat er die richtigen Änderungsschritte unternommen?
- Wie geht er mit Risiko- und Verführungssituationen um? Hat er hierfür die richtigen Handlungsalternativen entwickelt und auch schon erfolgreich erprobt?
- Wie lange setzt er das neue Verhalten bereits erfolgreich um?
- Wie geht er mit zwischenzeitlich eingetretenen Misserfolgen um? Usw.

Beim Durchsprechen dieser Punkte achtet der Gutachter besonders darauf, dass die Angaben im psychologischen Untersuchungsgespräch auch gutachterlich verwertbar sind – sie sind nur verwertbar, wenn sie auch glaubhaft sind. Wenn die Angaben nicht glaubhaft sind, können sie für den Betroffenen im Gutachten auch nicht entlastend wirken. Das gleiche Problem entsteht, wenn sich Betroffene zu den Problemthemen aus der Vergangenheit nicht mehr oder nur noch sehr allgemein und oberflächlich äußern wollen. Auch dann kann ein Gutachter für den Betroffenen keine positiven Argumente einbringen und die bestehenden Eignungszweifel nicht entkräften.

Die Glaubhaftigkeit der Angaben wird vom Gutachter permanent geprüft, indem er verschiedene Prüftechniken anwendet, wie beispielsweise die Prüfung der Konsistenz, Richtigkeit bzw. Nachvollziehbarkeit der Angaben:

Konkret wird hier nach den Trinkmengen gefragt, die ja nicht direkt aus dem gemessenen Blutalkoholgehalt bei der Alkoholfahrt abgeleitet werden können. Falls der Betreffende jetzt versucht deutlich zu machen, dass er vom Alkohol doch gar nichts gespürt habe und nur deshalb gefahren sei, ist das nicht hilfreich. Im Gegenteil: Bei den oft sehr hohen Promillewerten wird sogar noch deutlicher, wie hoch die Alkoholgewöhnung sein musste, wenn selbst hohe Trinkmengen nicht mehr ausreichend wahrgenommen werden.

Auch die Angaben zu den früheren Alkoholkonsumgewohnheiten sind oft wenig nachvollziehbar, wenn man die hohen Promillewerte betrachtet, die erreicht wurden. Auch wenn man vor der Entdeckung noch sehr weit gefahren ist, spricht das oft für eine erhebliche Alkoholgewöhnung und ein „Trinktraining", das nicht zu den Angaben zu den früheren Trinkgewohnheiten passen kann.

Hohe Promillezahlen sind immer Ausdruck eines regelmäßigen und intensiven Alkoholkonsums, der ja auch die Anordnung einer MPU begründet.

Die angegebenen früheren Konsummengen liegen oft ganz erheblich niedriger als die tatsächlich konsumierten Mengen, die für eine solche Alkoholgewöhnung notwendig sind. Die Betroffenen möchten damit verdeutlichen, dass das Alkoholproblem doch gar nicht so groß sei, und dass man ein Führerschein- und kein Alkoholproblem habe. Dies ist natürlich keine gute Grundlage dafür, die eigenen Konsumgewohnheiten umfangreich zu ändern. Solche Verhaltensänderungen sind aber notwendig, um eine deutlich reduzierte Rückfallwahrscheinlichkeit zu erreichen.

Bei der MPU ist es sehr wichtig, die Trinkmenge vor der Alkoholfahrt realistisch zu beschreiben. Hier empfiehlt es sich, Nachberechnungen anzustellen und sich gut vorzubereiten.

In der Literatur wird auf die Widmark-Formel Bezug genommen, die allerdings bei größeren Trinkmengen ungenau wird.

Die Promillezahl ist abhängig vom Promillegehalt der Getränke und der Mengen, die man zu sich genommen hat. Auch die Abbauzeiten bei längeren Trinkzeiten müssen berücksichtigt werden. Der gesunde Mensch baut in der Regel mindestens 0,1 Promille pro Stunde ab. Die Abbaurate kann aber auch bei 0,15 Promille pro Std. liegen. Körpergewicht und -größe sind ebenfalls von Bedeutung. Wenn man sehr schwer ist, fallen Promillewerte geringer aus, vorausgesetzt, dass der Fettanteil im Körper nicht zu hoch ist. Bei Männern fallen die Promillewerte bei gleichen Trinkmengen und -geschwindigkeit deshalb auch meist geringer aus als bei Frauen, da sie oft größer und schwerer sind und Frauen auch oft einen höheren Fettanteil haben. Im Körperfett lagert sich nämlich kein Alkohol ab.

Die Berechnung des erreichten Promillewertes ist sehr komplex und die betroffene Person in der MPU sollte die zu sich genommenen Getränke so gut wie möglich wiedergeben können. Hier empfiehlt es sich diese Angaben im Vorfeld genau zusammen zu tragen und auch abzuschätzen, ob damit die festgestellte Promillezahl auch erreicht werden kann. Hierzu kann man sich auch Hilfen im Internet suchen. Hier können Promillerechner genutzt werden, um die eigene Abschätzung und Berechnung abzusichern.

Oft geben die Betroffenen an, ihr Verhalten maßgeblich geändert zu haben. Hier kommt es darauf an, zu klären, ob diese Änderungen tatsächlich vollzogen oder nur zeitweise im Hinblick auf die bevorstehende MPU umgesetzt wurden. Wenn der Betroffene beispielsweise von einer „Trinkpause" statt von einem dauerhaften „Alkoholverzicht" spricht, kann dies ein Hinweis dafür sein, dass noch keine ausreichende Überzeugung vorliegt, das problematische Verhalten dauerhaft zu ändern.

Aus der Darstellung der Betroffenen kann übrigens recht gut zwischen tatsächlich erlebten oder nur berichteten Veränderungen unterschieden werden. Allein aus den Beschreibungen solcher Änderungen ergeben sich oft eine Reihe von Hinweisen auf eine nur geringe Glaubhaftigkeit, wenn nur sehr allgemeine und wenig detailreiche Angaben gemacht werden. Auf Nachfrage wird dann immer noch wenig konkret und ausweichend geantwortet und zudem auch wenig spontan und direkt.

Auch unrealistische Erfahrungen mit dem Umsetzen von wichtigen Veränderungen lassen am Wahrheitsgehalt von Äußerungen schnell Zweifel aufkommen.

Wenn jemand behauptet, er hätte sein jahrelang praktiziertes gewohnheitsmäßiges Trinkverhalten problemlos von heute auf morgen geändert, ist das nicht realistisch. Wenn darüber hinaus noch berichtet wird, dass auch die früheren Trinkkollegen diese Verhaltensänderung super finden und sie ihn dabei auch noch unterstützen, selbst aber weiterhin trinken, lässt auch das Zweifel an der Glaubhaftigkeit aufkommen. Solche Erlebnisse sind wenig realistisch und dienen meist nur dem Zweck, deutlich zu machen, dass jetzt alles wieder im Lot sei.

Hier gibt es für die psychologischen Gutachter eine Vielzahl von Anknüpfungsmöglichkeiten, wobei die Grundtechnik immer die ist, die einzelnen Problemfelder sehr genau und detailliert zu erfragen. Treten dann wiederholt Inkonsistenzen und wenig nachvollziehbare Antworten zutage, verdichtet sich das Bild eines unrealistisch geschönten Antwortverhaltens. Dies kann dann nicht mehr als selbstkritische und angemessene Aufarbeitung der Probleme bewertet werden. Einzelne Antworten, die der Gutachter kritisch hinterfragen muss, können immer einmal auftreten. Durch die Wiederholung und die hohe Anzahl der kritischen Punkte wird das Bild im Sinne eines immer deutlicher werdenden Mosaiks jedoch so konkret, dass die Glaubhaftigkeit verloren geht.

Die wichtigsten Punkte einer verkehrspsychologischen Exploration kann man in einem Stufenmodell darstellen:

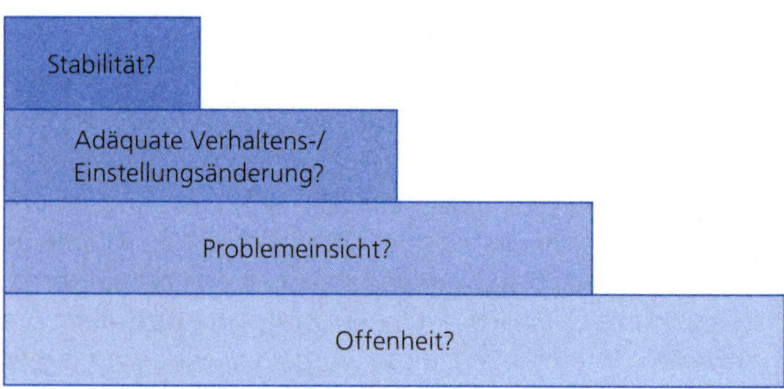

Liegt ausreichende Offenheit mit realistischen Angaben zu den Umständen und den Hintergründen der Vorgeschichte vor, kann die Glaubhaftigkeit angenommen werden – und die nächste Stufe hin zu einer positiven Prognose ist erklommen. Sie ist aber auch gleichzeitig das notwendige Fundament für die weiteren Punkte, da ohne diese Offenheit und Glaubhaftigkeit keine positive Prognose möglich ist. Die zweite Stufe ist die Problemeinsicht, die gegeben sein muss. Darauf aufbauend müssen die richtigen und adäquaten, das heißt angemessenen Änderungsschritte und Maßnahmen vollzogen worden sein. Die letzte Stufe ist dann die Stabilität der Veränderung, die über einen angemessen langen Zeitraum erfolgreich erprobt und erreicht wurde.

Offenheit und Wahrheit sind der Weg zum Erfolg – taktische Überlegungen und Beschönigungen sind oft Fallstricke. Die Gutachter interpretieren dies als unkritische und unzureichende Auseinandersetzung mit der Schwere der Problematik – und kommen dann häufig zu einer negativen Einschätzung.

Auch die Stabilität der Änderungen ist in vielen Fällen ein entscheidendes Problem. Da die Betroffenen sehr auf ihren Führerschein angewiesen sind, kommen sie unter Umständen „zu früh" zur MPU und reduzieren damit ihre Erfolgsaussichten.

Zeiten der Stabilisierung sind oft sehr wichtige Voraussetzungen für eine positive Bewertung. Deshalb nicht zu früh zur MPU gehen, sich vorher eingehend informieren und den richtigen Zeitpunkt mit Fachleuten abstimmen.

Die Struktur des psychologischen Untersuchungsgespräches kann bei den gängigen Alkohol- und Drogenfällen wie folgt gegliedert werden:

Vorbereitungsphase

Vorstellung und Information über die Hintergründe, Funktion, Ziele und den Zweck sowie Inhalt des Gesprächs.

Schilderung der relevanten Daten der Vorgeschichte

Der MPU-Teilnehmer beschreibt aus seiner Sicht die Ursachen und Hintergründe der Auffälligkeiten, die zur MPU-Anordnung geführt haben. Dem psychologischen Gutachter liegt die Fahrerlaubnisakte vor und er bespricht deren Inhalte mit dem Betroffenen. Hierbei stellt er Fragen zu den Vorkommnissen und den Darstellungen durch z. B. Polizei oder Zeugen und geht insbesondere auf die Dinge ein, die beurteilungsrelevant sind.

Auch Inkonsistenzen und Widersprüche bei den Angaben des Betroffenen und den Akteneintragungen werden thematisiert: Hier sind die Umstände der Alkohol- oder Drogenfahrten mit den Konsummengen und -motiven relevant. Warum kam es zu den Ereignissen? Warum entschied sich der Betroffene, dennoch zu fahren? In welchem Zustand befand er sich? Usw.

Befragung zum früheren und jetzigen Konsumverhalten

Bei den Alkohol- und Drogenfragestellungen werden insbesondere das frühere Konsumverhalten erfragt und besprochen sowie die früheren Konsummotive. Wie hat sich der Konsum über die Jahre entwickelt oder verändert?

Befragung zu seither eingetretenen Veränderungen

Wie wurde die Vorgeschichte verarbeitet und welche Vorsätze und Ziele wurden seither gefasst und umgesetzt? Was sind die Motive der Veränderungen und was hat sich seither genau verändert? Konkrete Erlebnisse und Erfahrungen werden erfragt und die Reaktionen des Umfeldes darauf. Wie lange wurden die Änderungen bereits umgesetzt und wie will man zukünftig weitermachen?

Abschluss des psychologischen Gespräches mit Sachstandsmitteilung

Der Gutachter gibt aus der Summe der einzelnen Befunde und Bewertungen ein Zwischenergebnis mit seinem gegenwärtigen Sachstand – natürlich nur unter Vorbehalt, da anschließend noch Laboruntersuchungen oder nachgereichte Befundberichte oder sonstige Stellungnahmen in das endgültige Ergebnis einfließen. In den Fällen, in denen ein negatives Ergebnis feststeht, können auch allgemeine Empfehlungen und Hinweise zum weiteren Vorgehen gegeben werden.

Kursempfehlungen nach § 70 Fahrerlaubnis-Verordnung (FeV)

Die Gutachter haben die Möglichkeit auch Empfehlungen für eine Teilnahme an amtlich anerkannten Spezial-Kursen im Bereich Alkohol und Drogen auszusprechen. Für den Bereich Alkohol betrifft dies die Personen, die unter den Hypothesen A3 und A4 eingeordnet werden.

- A3 (Alkoholgefährdung mit der Notwendigkeit des dauerhaft kontrollierten Alkoholkonsums) und
- A4 (keine Alkoholgefährdung, aber Notwendigkeit eines stabilen Trennvermögens zwischen Alkoholkonsum und Fahren)

Kursempfehlungen werden vor allem dann ausgesprochen, wenn zwar noch Defizite in der notwendigen Einstellungs- und Verhaltensänderung bestehen, die Entwicklung und Verarbeitung des Problemverhaltens aber ein ausreichendes Mindestniveau erreicht hat, wodurch der Gutachter und damit auch die Fahrerlaubnisbehörde erwarten kann, dass mit der erfolgreichen Teilnahme an solchen Spezialkursen bestehende Defizite, beispielsweise in der konsequenten Umsetzung von Vermeidungsstrategien, bearbeitet und behoben werden.

Die Kurse sind in der Fahrerlaubnis-Verordnung in § 70 näher beschrieben und dienen der Wiederherstellung der Fahreignung – es gibt sie zu den Bereichen Alkohol und Drogen. Die Kurse unterliegen genauso wie die MPU intensiven Überwachungsvorgaben und werden durch die Bundesanstalt für Straßenwesen BASt geprüft und überwacht (auditiert). Auf der Homepage der BASt können die gegenwärtig zugelassenen Kurse mit den jeweiligen Anbietern eingesehen werden: https://www.bast.de/VerhaltenundSicherheit/Qualitätsbewertung/Begutachtung

Diese Kurse haben alle ein aufwendiges Prüfungsverfahren durchlaufen und müssen ihre Geeignetheit mit wissenschaftlichen Gutachten unter Beweis stellen. Ihre Wirksamkeit muss jeweils mit erfolgreichen Studien zur Bewährung der Teilnehmer im Straßenverkehr belegt werden. Nach 15 Jahren werden diese Studien wiederholt und so der Status als Kurs nach § 70 der Fahrerlaubnis-Verordnung (FeV) aufrechterhalten.

Da das Gutachten eine negative Prognose beinhaltet, müsste eigentlich eine erneute MPU gemacht werden, um ein positives Gutachten zu erhalten. Aber dadurch, dass die Kursempfehlung im Gutachten steht, hat man die Möglichkeit, in einem überschaubaren zeitlichen Rahmen die Fahrerlaubnis doch noch zu erhalten – ohne erneute MPU.

Die Fahrerlaubnisbehörde wird in der Regel einer solchen Teilnahme zustimmen und man erhält nach Vorlage der Teilnahmebescheinigung eine neue Fahrerlaubnis.

Der Besuch dieser Kurse hat den Vorteil, dass nach einer erfolgreichen Teilnahme die Fahrerlaubnis wieder (neu) erteilt wird, ohne dass man eine erneute MPU machen muss.

Fahrverhaltensbeobachtung

Liegen durch die Leistungsuntersuchung in der MPU noch Befunde vor, die weiterhin Zweifel an der Fahreignung begründen, kann eine psychologische Fahrverhaltensbeobachtung durchgeführt werden: Der Betroffene kann damit zeigen, dass er im Straßenverkehr doch noch über ausreichende Fahrkompetenz verfügt.

Die Fahrverhaltensbeobachtung findet in einem Fahrschulauto im Beisein eines Fahrlehrers statt, der für die Sicherheit der Fahrverhaltensbeobachtung verantwortlich ist. Daneben bewertet ein psychologischer Fahrverhaltensbeobachter das Fahrverhalten unter besonderer Berücksichtigung der festgestellten Defizite in der Leistungstestung. Der Unterschied zu einer normalen Fahrerlaubnisprüfung ist hier, dass weniger auf die Einhaltung und Kenntnis der Verkehrsregeln und -zeichen geachtet wird, sondern beobachtet wird, ob die festgestellten Leistungseinbußen in den Bereichen

- Aufmerksamkeit,
- Belastbarkeit,
- Konzentration,
- Orientierung,
- Reaktionsfähigkeit

im Straßenverkehr deutlich erkennbar sind oder noch ausreichend kompensiert werden können. Dazu werden fest definierte Fahrsituationen angesteuert, die genau diese psychischen Leistungsbereiche beanspruchen und gut geeignet sind, Leistungseinbußen aufzudecken.

Bereiten Sie sich auf solche Fahrverhaltensbeobachtungen gut vor und glauben Sie nicht, dass Sie nach 20 oder 30 Jahren Fahrroutine solchen Herausforderungen jederzeit gewachsen sind. Die Leistungsdefizite in der MPU kommen nicht von ungefähr und eine gründliche Vorbereitung ist unbedingt anzuraten.

Abschluss der Untersuchung und Gutachten

Das Gutachten wird im Anschluss an den Untersuchungstag erstellt und in der Regel etwa vier Wochen nach Eingang der letzten ausstehenden Befunde versandt. Bei sehr schneller Bearbeitung kann es auch innerhalb von 14 Tagen vorliegen.

Brauchen Sie Ihre Fahrerlaubnis dringend, empfiehlt es sich, sich mit allen Beteiligten intensiv abzustimmen – angefangen bei den Gutachtern, über die Mitarbeiter der BfF und der Fahrerlaubnisbehörde – und die Dringlichkeit der Erteilung aufzuzeigen. Bei gutem Willen kann man hier zu sehr guten Ergebnissen und Lösungen kommen.

Das Gutachten selbst wird zumeist auf kopiergeschütztem Papier gedruckt und hat in etwa folgende Struktur:

I. Anlass und Fragestellung(en) der Untersuchung

II. Überblick über die Vorgeschichte

- *Aktenübersicht*
- *Begründung der Eignungsbedenken*
- *Voraussetzungen für eine günstige Prognose*

III. Untersuchungsbefunde

- *Verkehrsmedizinische Untersuchungsbefunde*
- *Verkehrspsychologische Untersuchungsbefunde*

IV. Bewertung der Befunde

V. Beantwortung der Fragestellung

Verfahrensrechtliches zur MPU

Kann die MPU-Anordnung angefochten werden?

Die Auflage, ein ärztliches oder medizinisch-psychologisches Gutachten beizubringen und sich untersuchen zu lassen, ist als bloße Aufklärungsanordnung nicht anfechtbar. Bei einer solchen Anordnung handelt es sich um eine rein vorbereitende Maßnahme zukünftigen Verwaltungshandelns, nicht um einen Verwaltungsakt. Dem Betroffenen steht es frei, der Anordnung Folge zu leisten. Die Anordnung selbst kann nicht vollstreckt werden.

Die Anordnung eines Gutachtens kann nur zusammen mit einer anschließenden ablehnenden Entscheidung angefochten werden. Für den Fall einer Weigerung, der Untersuchung Folge zu leisten, kommt es entweder zur Versagung einer neuen Fahrerlaubnis oder zur sofortigen Entziehung der (noch im Besitz befindlichen) Fahrerlaubnis.

Wann ist ein MPU-Gutachten mangelhaft?

Kommt es zu einem negativen Gutachten, stellt sich für den Betroffenen zunächst die Frage, ob das Gutachten nicht schlicht und ergreifend „falsch" ist.

Wird ein Gutachter mit der Erstellung eines MPU-Gutachtens beauftragt, kommt ein Werkvertrag zustande. In der Regel wird hieraus aber kein bestimmtes Ergebnis geschuldet. Vielmehr ist der Gutachter nach diesem Werkvertrag verpflichtet, zu überprüfen und zu begutachten, ob der Auftraggeber z.B. zukünftig ein Kraftfahrzeug unter Alkohol führen wird oder ob die Gewähr besteht, dass er zukünftig nicht gegen verkehrsrechtliche Vorschriften verstoßen wird.

In diesem Zusammenhang ist zu berücksichtigen, dass die Begutachtung eine Prognose darstellt, die besonders dort, wo sie Aussagen zur Rückfallgefahr des Probanden trifft, eine bloße Wahrscheinlichkeitsaussage macht, die niemals absolut falsch oder wahr sein kann.

Ein Gutachten kann allerdings dann mangelhaft sein, wenn

- Fehler bei der Sammlung von Fakten aufgetreten sind,
- falsche Voraussetzungen für eine positive Eignungsprognose zugrunde gelegt wurden,
- allgemein anerkannte Bewertungsgrundsätze nicht beachtet wurden oder
- sachfremde Erwägungen ausschlaggebend waren.

Da sich die MPU-Stelle die Kosten für die Begutachtung stets im Voraus zahlen lässt, müsste sie der Untersuchte von der Begutachtungsstelle zurückverlangen – gegebenenfalls im Wege einer Klage vor dem Amtsgericht. Hier müsste der Kläger nachweisen, dass ihm ein Schadenersatzanspruch zusteht, da das Gutachten nicht die vereinbarte bzw. gewöhnliche Beschaffenheit hat. Da dem Gutachter ein nicht zu eng zu bemessender Spielraum für seine Beurteilung eingeräumt wird, die Prüfungssituation nicht rekonstruierbar ist und sich die Entscheidungsfindung im subjektiven Bereich des Sachverständigen abspielt, ist eine Anfechtung des Gutachtens in der Praxis unmöglich. Mangelhaftigkeit dürfte anzunehmen sein, wenn der Gutachter von einer falschen Vorgeschichte des Untersuchten wie z. B. zwei statt einer Trunkenheitsfahrt ausgeht. Alles andere ist nicht überprüfbar.

Auch an dieser Stelle ist darauf hinzuweisen, dass der Weg, ein Gutachten auf dessen Mangelhaftigkeit überprüfen zu lassen, kein geeignetes Mittel darstellt, um die Fahrerlaubnis zu behalten oder neu zu erhalten. Die behauptete Mangelhaftigkeit des Gutachtens und ein hierüber geführter gerichtlicher Rechtsstreit hindert die Fahrerlaubnisbehörde nicht, das Gutachten für die Entscheidung über die Neuerteilung oder Entziehung der Fahrerlaubnis zu verwenden.

Kommt es zu einem negativen Gutachten, darf es regelmäßig nicht zur Fahrerlaubnisbehörde gelangen. Das Gutachten wird sonst Bestandteil der Fahrerlaubnisakte und bei jeder erneuten Begutachtung herangezogen. Der neue Gutachter wird mit den dort gemachten Angaben und Ausführungen arbeiten und negative Bestandteile thematisieren.

Können die Gutachtenkosten erstattet werden?

In der Fahrerlaubnis-Verordnung ist geregelt, dass sich der Betroffene auf seine Kosten der Untersuchung zu unterziehen hat. Das gilt auch dann, wenn sich nach Einholung des Gutachtens herausstellt, dass die Fahreignungszweifel nicht oder nicht mehr bestehen.

Dem Betroffenen stellt sich dann unter Umständen die Frage, ob die Aufforderung zur Gutachtensbeibringung rechtmäßig gewesen ist. Das dürfte aber eine rein theoretische Frage sein. Uns ist kein Fall bekannt, in dem die Gutachtenanordnung nicht rechtmäßig war, da es zum einen eine Vielzahl von Gründen für Eignungszweifel gibt, die für eine Anordnung sprechen. Zum anderen entspricht es ständiger verwaltungsgerichtlicher Rechtsprechung, dass es nicht darauf ankommt, ob ein hinreichender Anlass für eine angeordnete Eignungsbegutachtung besteht. Hat sich der Betroffene einer Begutachtung gestellt und liegt der Behörde das Gutachten vor, ist dies eine neue Tatsache, die selbstständige Bedeutung hat und der Entscheidung über die Entziehung der Fahrerlaubnis zugrunde gelegt werden kann.

Mit anderen Worten: Sollte die Fahrerlaubnisbehörde tatsächlich eine „Nichtigkeit" zum Anlass für eine Gutachtenanordnung genommen haben, sollte diese also rechtswidrig gewesen sein, durch das Gutachten ergibt sich aber eine krankheitsbedingte Fahruntauglichkeit oder aufgrund des Untersuchungsgespräches mit dem Psychologen kann eine Eignung zum Führen von Kraftfahrzeugen nicht (mehr) angenommen werden, wurde so eine Tatsache geschaffen, die dann ein Eingreifen der Fahrerlaubnisbehörde rechtfertigen würde.

Auf den Punkt gebracht

Sollte Unsicherheit bestehen, ob die von der Fahrerlaubnisbehörde herangezogenen Tatsachen Zweifel an der Eignung zum Führen von Kraftfahrzeugen begründen, empfiehlt sich eine Überprüfung durch einen Spezialisten für Fahrerlaubnisrecht.

Was passiert, wenn die Gutachtenvorlage aus finanziellen Gründen nicht möglich ist?

Grundsätzlich geht es zu Lasten des Betroffenen, wenn er nicht über die für ein Gutachten erforderlichen Mittel verfügt. Denn das Risiko, das von einem ungeeigneten Kraftfahrer ausgeht, kann nicht aus finanziellen Gründen der Allgemeinheit aufgebürdet werden.

Wann ist ein MPU-Gutachten ungültig?

Keine Verwertung des MPU-Gutachtens durch anderweitige Kenntnis

Darf die Fahrerlaubnisbehörde ein MPU-Gutachten verwerten, wenn dieses ohne Einverständnis des Untersuchten zur Behörde gelangt ist?

> *Das Bundesverwaltungsgericht hatte einen Fall zu entscheiden, in dem ein Fahrerlaubnisinhaber nur den für ihn günstigen verkehrsmedizinischen Teil eines MPU-Gutachtens vorgelegt hatte. Der psychologische Gutachtenteil gelangte ohne seine Zustimmung zu den Verwaltungsakten. Das Gericht beschloss, dass das Gutachten damit für die Entscheidung über die Fahrerlaubnisentziehung nicht verwendet werden kann.*

Nach der Fahrerlaubnis-Verordnung ist der Fahrerlaubnisinhaber oder -bewerber selbst der Auftraggeber für ein Fahreignungsgutachten. Er ist deshalb grundsätzlich auch berechtigt, über die weitere Verwendung dieses Gutachtens zu entscheiden.

Kreuzen Sie auf der Einverständniserklärung auf jeden Fall an, dass Sie den Gutachter nicht von dessen Verschwiegenheitsverpflichtung Ihnen gegenüber entbinden. Beide Gutachtenexemplare sollen zunächst zu Ihnen nach Hause geschickt werden.

Keine Verwertung von im Fahreignungsregister getilgten Eintragungen

Die Fahrerlaubnisbehörde hat auch bei wiederholten Zuwiderhandlungen im Straßenverkehr unter Alkoholeinfluss, § 24a Straßenverkehrsgesetz (StVG), eine MPU anzuordnen. Voraussetzung ist aber, dass die entsprechende erste Bußgeldentscheidung noch verwertbar ist.

Eintragungen und Punkte im Fahreignungsregister (FAER) werden nach Ablauf bestimmter Fristen gelöscht. Im Gegensatz zum bis zum 30.4.2014 existierenden Verkehrszentralregister blockieren Neueinträge die Löschung der im FAER erfassten Entscheidungen nicht. Straftaten ohne Entziehung der Fahrerlaubnis werden mit zwei, Straftaten, bei denen es zur Entziehung der Fahrerlaubnis kommt, mit drei Punkten bewertet. Für Ordnungswidrigkeiten (OWis) mit einem Bußgeld von mindestens 60 EUR werden ein Punkt und für Ordnungswidrigkeiten mit Regelfahrverbot zwei Punkte eingetragen. Deren Tilgung erfolgt nach zweieinhalb bzw. fünf Jahren.

Entscheidungen über Entziehung und Neuerteilung der Fahrerlaubnis bleiben 15 bzw. zehn Jahre erfasst.

Maßgebend für den Fristbeginn ist stets das Datum der Rechtskraft.

Ist eine Eintragung im Fahreignungsregister getilgt, hat sich der Betroffene im Sinne der Verkehrssicherheit bewährt. Geht daher ein zur Klärung von Eignungszweifeln bei Alkoholproblematik beigebrachtes medizinisch-psychologisches Gutachten von einem wiederholten Führen eines Kraftfahrzeugs unter Alkoholeinfluss aus, obwohl eine der beiden mit einem Bußgeldbescheid geahndeten Taten getilgt ist, beruht das Gutachten auf einer fehlerhaften Tatsachengrundlage.

Wie sieht es mit Verjährungsfristen aus?

Lange zurückliegende Fahrerlaubnisentziehung

Im Rahmen eines Verfahrens auf Neuerteilung der Fahrerlaubnis nach einer wegen Drogenkonsums erfolgten Fahrerlaubnisentziehung ist die Anordnung eines medizinisch-psychologischen Gutachtens auch dann rechtmäßig, wenn die Entziehung der Fahrerlaubnis viele Jahre zurückliegt und seither keine Hinweise auf erneuten Drogenkonsum vorliegen.

Bei der Versagung oder Entziehung der Fahrerlaubnis durch ein Gericht oder die Fahrerlaubnisbehörde beginnt die Zehn-Jahres-Frist, nach deren Ablauf die Behörde die Tat und die Entscheidung dem Betroffenen nicht mehr vorhalten und nicht zu seinem Nachteil verwertet werden darf, erst mit der Neuerteilung der Fahrerlaubnis, spätestens jedoch nach fünf Jahren, zu laufen. De facto bedeutet dies, dass erst 15 Jahre nach dem letzten Vorkommnis derjenige, der eine neue Fahrerlaubnis beantragt, so behandelt wird, als beantrage er erstmals eine (neue) Fahrerlaubnis. Erst dann dürfen die vorhandenen Erkenntnisse im Antragsverfahren nicht mehr zur Begründung eventueller Eignungszweifel herangezogen werden.

Wird z. B. zehn Jahre nach einer Fahrerlaubnisentziehung die Neuerteilung der Fahrerlaubnis beantragt, was von der Behörde abgelehnt wird – die Neuerteilung der Fahrerlaubnis wird also „versagt" –, löst das den Beginn einer neuen 15-Jahres-Frist, bis zu deren Ablauf die Behörde den Inhalt der Fahrerlaubnisakte verwerten darf, aus.

Zeichnet sich die Versagung einer neuen Fahrerlaubnis, z. B. wegen Nichtvorlage des negativen MPU-Gutachtens, ab, ist es ratsam, den Antrag auf Neuerteilung der Fahrerlaubnis zurückzunehmen. So wird verhindert, dass ein neuer Fristenlauf ausgelöst wird.

Lange zurückliegendes Vorkommnis

Zwar berechtigt z. B. das Führen eines Kraftfahrzeugs unter Einfluss von Ecstasy die Fahrerlaubnisbehörde in der Regel, die Fahrerlaubnis sofort zu entziehen. Von Drogenkonsum wird jedoch nicht mehr auszugehen sein, wenn seit dem Vorkommnis Jahre verstrichen sind.

Trotzdem kann die Behörde Zweifel an der Eignung zum Führen eines Kraftfahrzeugs haben. Die Anordnung, zur Klärung der Eignung eines Fahrerlaubnisinhabers zum Führen von Kraftfahrzeugen wegen nachgewiesenen Drogenkonsums ein MPU-Gutachten beizubringen, ist nicht an die Einhaltung einer festen Frist gebunden. Entscheidend ist, ob unter Berücksichtigung aller Umstände, insbesondere nach Art, Umfang und Dauer des Drogenkonsums, noch hinreichende

Anhaltspunkte zur Begründung eines Verdachts bestehen. In der Praxis wird dies regelmäßig angenommen.

Ein Fahrerlaubnisinhaber, der drogenauffällig wird, sollte davon ausgehen, dass Maßnahmen der Fahrerlaubnisbehörde erfolgen – auch wenn er nicht unter Einfluss von Drogen Auto gefahren ist. Bereits ab dem Vorfall sollte der Betroffene sich für einen späteren Nachweis der Abstinenz Drogenscreenings unterziehen.

Dürfen ausländische Erkenntnisse verwendet werden?

Für die Einleitung eines Fahrerlaubnisentziehungsverfahrens ist es grundsätzlich ohne Bedeutung, woher die Informationen stammen, die Zweifel an der Fahreignung begründen. Es kann deshalb auch auf Sachverhalte zurückgegriffen werden, die aus Bescheiden ausländischer Behörden hervorgehen.

Auf Schlussfolgerungen ausländischer Sachverständiger kann sich die Behörde aber nur dann stützen, wenn gewährleistet ist, dass sie den gleichen Anforderungen genügen, die an deutsche Begutachtungen gestellt werden.

Die Ergebnisse labortechnischer Messungen sind dann unmittelbar zu berücksichtigen, wenn davon ausgegangen werden kann, dass sie deutschen Qualitätsstandards entsprechen. Insofern können auch Trunkenheitsfahrten im Ausland den Schluss auf die Gefährlichkeit des Führerscheininhabers zulassen, wenn der Verkehrsverstoß im Ausland die

Tatbestandsmerkmale einer entsprechenden Straftat oder Ordnungswidrigkeit nach deutschem Recht erfüllt.

Entsprechende Informationen aus dem EU-Ausland können nach Sicherstellung/Beschlagnahme des deutschen Führerscheins über das deutsche Kraftfahrtbundesamt zur zuständigen Fahrerlaubnisbehörde des deutschen Führerscheinbesitzers gelangen.

Beginnen Sie auch nach einem solchen Vorfall im Ausland sofort im Anschluss mit dem Nachweis der Alkoholabstinenz durch Teilnahme an einem geeigneten Kontrollprogramm.

Gibt es so etwas wie eine Nachbegutachtung?

In der Vergangenheit existierende sogenannte Obergutachterstellen gibt es nicht mehr. Die Betroffenen haben heute die Möglichkeit, nach einer negativen Begutachtung direkt eine erneute Begutachtung bei einer der vielen anerkannten Begutachtungsstellen für Fahreignung (BfF) durchführen zu lassen. Das neue Gutachten wird anschließend von den Behörden als neue Grundlage der Fahreignungsbewertung akzeptiert. Problematisch kann es jedoch werden, wenn die Fahrerlaubnisbehörde mit Hinweis auf das erste Gutachten, falls es doch abgegeben wurde, eine erneute Bearbeitung verweigert und darauf hinweist, dass der Betroffene zuerst noch (möglicherweise geforderte) Abstinenzzeiten oder -nachweise liefern muss.

Dies kann zwar im Einzelfall wirklich sinnvoll sein und es kann in diesem Zusammenhang auch sinnvoll sein, das nächste Gutachten erst nach der Vorlage dieser Nachweise erstellen zu lassen. Es kann jedoch durchaus möglich sein, dass solche Nachweise und Abstinenzzeiten gar nicht erforderlich sind, wenn die Einschätzung der Gutachter bei einer nachfolgenden Begutachtung anders ausfällt.

Hier gilt es, die zuständige Fahrerlaubnisbehörde über diese Einschätzung zu informieren und davon zu überzeugen, dass eine zeitnahe neue Begutachtung sinnvoll ist.

Sollte es ausnahmsweise in Betracht kommen, der Fahrerlaubnisbehörde das negative Gutachten vorzulegen, empfiehlt es sich, mit den Beteiligten im Vorfeld abzuklären, ob dies ein gangbarer Weg zum Erhalt oder zur Neuerteilung der Fahrerlaubnis ist. Im Zweifelsfall legen Sie das negative Gutachten besser nicht vor, sondern lassen eine komplett neue Begutachtung machen.

Eine andere Möglichkeit wäre: kein Gutachten vorzulegen, den Antrag auf Neuerteilung der Fahrerlaubnis zurückzuziehen und anschließend den Antrag abermals zu stellen. Dieses Vorgehen kann bei einzelnen Fahrerlaubnisbehörden erfolgreich sein und man kann eine neue MPU machen. Aber auch hier gibt es Behörden, die ein solches Verfahren nicht mittragen und den erneuten Antrag nicht sofort bearbeiten.

Wahrheitswidrige Angabe in der MPU

> *Der Betroffene verschweigt im Rahmen der medizinisch-psychologischen Begutachtung wahrheitswidrig, dass es nach dem – bekannten – Fahren ohne Fahrerlaubnis zu einem weiteren Fahren ohne Fahrerlaubnis gekommen ist. Er ist der Meinung, dass die Fahrerlaubnisbehörde bei der Entscheidung über die Neuerteilung der Fahrerlaubnis den Umstand eines anhängigen Strafverfahrens nicht zu seinen Lasten berücksichtigen dürfe. Zudem gelte im Strafrecht die Unschuldsvermutung und es müsse sich auch niemand selbst belasten.*

Richtig ist, dass die Fahrerlaubnisbehörde im Rahmen eines Verfahrens auf Neuerteilung einer Fahrerlaubnis alle dieser bekannt gewordenen Tatsachen berücksichtigen muss. Ein laufendes Strafverfahren gehört hier ebenfalls dazu.

Die wahrheitswidrige Angabe, seit der letzten aktenkundigen Verkehrsauffälligkeit sei nichts mehr vorgefallen, kann die Aussagekraft eines positiven Gutachtens infrage stellen: Der Gutachter hat dann aufgrund einer falschen Tatsachengrundlage entschieden. Vor dem Hintergrund, dass der Fahrerlaubnisbewerber seine Kraftfahreignung darzulegen hat, kann und muss im übergeordneten Interesse der Verkehrssicherheit von ihm erwartet werden, dass er keine wahrheitswidrigen Angaben macht.

Als zu Untersuchender sollte man ein eigenes Interesse daran haben, dass die Führerscheinakte vollständig ist und sämtliche Vorkommnisse Gegenstand des Explorationsgesprächs innerhalb der MPU-Begutachtung sind. Andernfalls riskiert man, dass nach Bekanntwerden der verschwiegenen Tatsache das (positive) MPU-Gutachten für unwirksam erklärt wird.

Beschränkung der Fahrerlaubnisentziehung

Kommt es zu einer Entziehung der Fahrerlaubnis durch das Strafgericht, z. B. wegen Straßenverkehrsgefährdung, Trunkenheitsfahrt oder Unfallflucht mit hohem Schaden, kann das Gericht von der Sperre für die Neuerteilung der Fahrerlaubnis, innerhalb der die Fahrerlaubnisbehörde gehindert ist, dem Betroffenen eine neue Fahrerlaubnis zu erteilen, bestimmte Arten von Kraftfahrzeugen ausnehmen. Allerdings nur dann, wenn besondere Umstände die Annahme rechtfertigen, dass der Zweck der Entziehung der Fahrerlaubnis dadurch nicht gefährdet wird.

Unter Kraftfahrzeugen „einer bestimmten Art" sind zunächst die Fahrzeuggruppen zu verstehen, die der Einteilung der Fahrerlaubnisklassen zugrunde liegen. Eine weitere Differenzierung ist nach dem Verwendungszweck möglich, soweit dieser durch eine bestimmte Ausrüstung oder eine bestimmte Bauart bedingt ist. Unterschieden werden kann zwischen Last- und Personenkraftwagen. Nicht ausgenommen werden können Fahrzeuge eines bestimmten Fabrikats, mit bestimmten Konstruktionsmerkmalen oder einer bestimmten Antriebsart. Ausgespart werden können auch nicht Fahrzeuge mit nur einem bestimmten Verwendungs- oder Fahrzweck, wie normale Dienstfahrzeuge „im Einsatz". Anders verhält es sich jedoch, wenn die besondere Ausrüstung einen bestimmten Verwendungszweck bedingt, beispielsweise Krankenrettungs-, Feuerlösch- oder Behindertentransportfahrzeuge.

Eine Ausnahme bestimmter Kraftfahrzeugarten von der Sperre für die Neuerteilung der Fahrerlaubnis kommt in der Praxis nur in Betracht, wenn die Neuerteilung der Fahrerlaubnis nicht von der Vorlage eines Fahreignungsgutachtens abhängig ist. Bestehen nämlich grundsätzliche Zweifel an der Eignung zum Führen von Kraftfahrzeugen, ordnet die Fahrerlaubnisbehörde auch für die Fahrerlaubnis für die ausgenommene Fahrzeugart eine Begutachtung an. Diese verläuft regelmäßig nur dann positiv, wenn zwischen dem Anlass für die Fahrerlaubnisentziehung und der Begutachtung eine gewisse Zeit der Bewährung liegt. Und dieser Zeitraum wird kurz nach Entziehung der gesamten Fahrerlaubnis als nicht ausreichend angesehen.

Kommt es zu einer Entziehung der Fahrerlaubnis durch die Fahrerlaubnisbehörde, ist die schnelle unkomplizierte Neuerteilung einer Fahrerlaubnis für bestimmte Kraftfahrzeugarten in der Praxis unmöglich.

Verbot, fahrerlaubnisfreie Fahrzeuge zu führen

> *Der Betroffene ist mit 2,33 Promille Fahrrad gefahren. Einen Führerschein für ein Kfz besitzt er nicht. Die Fahrerlaubnisbehörde ordnet ein medizinisch-psychologisches Gutachten an. Wegen dessen Nichtvorlage wird ihm verboten, fahrerlaubnisfreie Fahrzeuge (Fahrrad/Mofa/E-Scooter) zu führen. Ist das rechtens?*

Sogar das Führen von fahrerlaubnisfreien Fahrzeugen kann untersagt, beschränkt bzw. mit Auflagen versehen werden, wenn sich jemand als ungeeignet oder nur bedingt geeignet erweist. Eignungszweifel liegen vor, wenn ein Fahrzeug im Straßenverkehr mit einer BAK von 1,6 Promille oder mehr geführt wurde.

Weil bei einem Fahrerlaubnisinhaber, der beim Fahrradfahren nicht zwischen Alkoholkonsum und Fahren trennen konnte, jederzeit damit gerechnet werden muss, dass er auch mit dem Auto fährt, hat die Behörde eine MPU anzuordnen. Dies darf aber im Zusammenhang mit fahrerlaubnisfreien Fahrzeugen nicht unmittelbar angewendet werden. Erforderlich ist, dass sich aus den Umständen des Einzelfalls eine nahe liegende und schwerwiegende, an die Risiken bei auffällig gewordenen Fahrerlaubnisinhabern heranreichende Gefährdung des öffentlichen Straßenverkehrs herleiten lässt.

Unabhängig davon, dass man als Fahrradfahrer nur äußerst selten „kontrolliert" wird, dürfte in der Praxis ein entsprechendes Gefährdungspotenzial nur schwer zu begründen sein. Insofern wäre die Gutachtenanordnung ebenso wie das Verbot, fahrerlaubnisfreie Fahrzeuge zu führen, rechtswidrig.

Verzicht auf die Fahrerlaubnis

In den Fällen, in denen

- der Betroffene z. B. wegen Konsums harter Drogen bereits ungeeignet zum Führen von Kraftfahrzeugen ist oder
- nach einer angeordneten Fahreignungsüberprüfung bei der Fahrerlaubnisbehörde das Gutachten nicht eingeht, also nicht vorgelegt wird,

erhält man zunächst eine sogenannte Anhörung, in der auf die Absicht hingewiesen wird, die Fahrerlaubnis wegen Ungeeignetheit zum Führen von Kraftfahrzeugen zu entziehen.

Noch einmal der Hinweis: Achten Sie darauf, dass der Gutachter nicht von der Verschwiegenheitsverpflichtung entbunden wurde, damit ein ungünstiges Gutachten nicht zur Behörde gelangt.

Dem Betroffenen wird unter Hinweis auf günstigere Behördengebühren „angeboten", freiwillig auf die Fahrerlaubnis zu verzichten. Eine vorbereitete Verzichtserklärung wird gleich mitgeschickt.

Hier hat der Betroffene eine mögliche teilweise Ersparnis von Behördengebühren gegenüber der längeren Belassung der Fahrerlaubnis abzuwägen. Im Falle des freiwilligen Verzichts auf die Fahrerlaubnis ist es dem Betroffenen ab Eingang der entsprechenden Erklärung bei der Behörde verboten, Kraftfahrzeuge zu führen, für die eine Fahrerlaubnis erforderlich ist. Anderenfalls wird dieses Verbot erst nach Kenntnis vom Entziehungsbescheid, der von der Behörde ausgefertigt und zugestellt werden muss, wirksam. Durch die zeitliche Dauer dieser Maßnahmen kann noch eine „Schonfrist“ von 10–30 Tagen entstehen.

Wird die Fahrerlaubnis von einem Gericht oder der Fahrerlaubnisbehörde entzogen, ist hiervon nicht das Führen von Mofas erfasst.

Zwar muss, wer auf öffentlichen Straßen ein Mofa (einspurige, einsitzige Fahrräder mit Hilfsmotor – auch ohne Tretkurbeln –, wenn ihre Bauart Gewähr dafür bietet, dass die Höchstgeschwindigkeit auf ebener Bahn nicht mehr als 25 km/h beträgt) führt, in einer Prüfung nachgewiesen haben, dass er ausreichende Kenntnisse der für das Führen eines Kraftfahrzeugs maßgebenden gesetzlichen Vorschriften hat und mit den Gefahren des Straßenverkehrs und den zu ihrer Abwehr erforderlichen Verhaltensweisen vertraut ist. Die Prüfung muss aber nicht ablegen, wer vor dem 1.4.1965 geboren wurde.

Die Mofa-Ausbildung findet entweder in einer Fahrschule statt oder auf weiterführenden Schulen, die dafür qualifizierte Lehrkräfte haben. Die theoretische Ausbildung umfasst mindestens sechs Doppelstunden zu je 90 Minuten. Die praktische Ausbildung erfolgt im Einzelunterricht mit mindestens einer Doppelstunde zu 90 Minuten, in der Gruppe mit mindestens zwei Doppelstunden. Eine Fahrprüfung gibt es nicht. Am besten ist es, wenn Sie sich bei der Fahrschule in Ihrer Nähe erkundigen.

Mit Neuerteilung der Fahrerlaubnis bleiben zwar die bis zur Entziehung bzw. dem Verzicht erfassten Entscheidungen im

Fahreignungsregister bestehen, aber das Punktekonto wird auf null gesetzt.

Antrag auf Neuerteilung der Fahrerlaubnis

Worin unterscheiden sich Entziehung der Fahrerlaubnis und Fahrverbot? Beim Fahrverbot bleibt der Besitz der Fahrerlaubnis unberührt. Hiervon darf der Inhaber – zumeist wegen Tempoverstoß oder einer Straftat, bei der keine Entziehung erfolgt – nur ein bis sechs Monate keinen Gebrauch machen. Zur Verbüßung muss der Führerschein in amtliche Verwahrung gegeben werden. Die Behörde schickt dasselbe Dokument rechtzeitig zum Ablauf wieder zurück. Das Fahrverbot erstreckt sich auch auf Kraftfahrzeuge, zu deren Führung an sich keine Fahrerlaubnis erforderlich ist (z. B. Fahrrad/Mofa/E-Scooter).

Wer aber beispielsweise Straftaten wie Trunkenheitsfahrt oder Unfallflucht mit hohem Schaden begeht, 8 und mehr Punkte im Fahreignungsregister erreicht hat oder harte Drogen nimmt wird die behördliche Erlaubnis zum Führen von Kraftfahrzeugen entzogen. Der Führerschein wird vernichtet. Um die Fahrerlaubnis wiederzubekommen, muss ein Antrag auf Neuerteilung bei der örtlich zuständigen Fahrerlaubnisbehörde gestellt werden. Voraussetzungen für eine Antragstellung sind:

- Vorlage eines aktuellen Lichtbilds,
- Vorlage einer Sehtestbescheinigung bei Beantragung der Klassen B und BE (Pkw bis 3,5 t),
- Vorlage eines Nachweises über Sofortmaßnahmen am Unfallort (sollte der entzogene Führerschein vor dem 1.8.1969 erworben worden sein),

- Zahlung der Verwaltungsgebühr von ca. 200 EUR,
- gegebenenfalls Vorlage eines positiven MPU-Gutachtens.

Bei einem Antrag auf Neuerteilung der Fahrerlaubnis holt die Behörde Auskünfte beim Fahreignungs- und Bundeszentralregister (dort ein Führungszeugnis) ein, um zu überprüfen, ob und welche Eintragungen über den Antragsteller erfasst sind.

Mittlerweile ist klar geregelt, dass vor Neuerteilung der Fahrerlaubnis grundsätzlich keine erneute Fahrerlaubnisprüfung abzulegen ist. Die früher vorgesehene Zwei-Jahres-Frist, nach deren Ablauf ein Verzicht auf die Prüfung nicht zulässig war, ist mit Wirkung vom 30.10.2008 abgeschafft worden. Nur wenn im konkreten Einzelfall Tatsachen die Annahme rechtfertigen, dass der Bewerber die Befähigung zum Führen von Kraftfahrzeugen nicht mehr besitzt, wird eine Fahrerlaubnisprüfung angeordnet. Dies wird regelmäßig angenommen ab zehn Jahre ohne Besitz der Fahrerlaubnis.

Den „Säuferbalken" gibt es im neuen Führerschein zwar nicht mehr, aber ein junges Erteilungsdatum kann ein Hinweis darauf sein, dass die Fahrerlaubnis bereits einmal entzogen war. Eine erneute Probezeit besteht nicht.

Kann ich mich gegen Maßnahmen der Behörde wehren?

Aufklärungsanordnung

Die Auflage, ein Gutachten beizubringen und sich untersuchen zu lassen, ist als bloße Aufklärungsanordnung nicht gesondert anfechtbar. Bei der Anordnung, ein Gutachten (MPU-Gutachten, ärztliches Gutachten oder Gutachten eines amtlich anerkannten Sachverständigen) beizubringen, handelt es sich um eine rein vorbeugende Maßnahme zukünftigen Verwaltungshandelns, nicht um einen rechtsmittelfähigen Verwaltungsakt.

Widerspruch, Klage etc.

Wird auf die Gutachtenanordnung nicht reagiert, wird im Falle des Antrags auf Neuerteilung der Fahrerlaubnis dieser abgelehnt und bei Anordnung des Gutachtens gegenüber Führerscheininhabern als Nächstes deren Fahrerlaubnis entzogen. Dies erfolgt als Verwaltungsakt mit einem rechtsmittelfähigen Bescheid. Nach Bekanntgabe desselben durch Postzustellung tritt die Rechtswirkung – z. B. Entziehung der Fahrerlaubnis – mit sofortiger Wirkung ein. Innerhalb eines Monats nach Zustellung des Bescheids kann zwar dagegen Widerspruch eingelegt werden. Widerspruch und Anfechtungsklage haben aber keine aufschiebende Wirkung. Bis zu einem anderslautenden Widerspruchsbescheid oder Gerichtsurteil ist man nicht mehr befugt, Kraftfahrzeuge zu führen.

Möchte man so schnell wie möglich wieder das Recht erlangen, Kraftfahrzeuge zu führen, muss gegen den Bescheid zeitgleich

- Widerspruch eingelegt,
- Klage beim zuständigen Verwaltungsgericht eingereicht und dort ebenfalls
- ein Antrag auf Herstellung der aufschiebenden Wirkung des Widerspruchs gestellt werden.

Über das Eilverfahren auf Herstellung der aufschiebenden Wirkung des Widerspruchs kann ein Gerichtsbeschluss schon in zwei Monaten herbeigeführt werden – Entscheidungen in Widerspruchs- und Klageverfahren würden regelmäßig bis zu zwei Jahre dauern. Das Gericht prüft im Eilverfahren summarisch die Aussichten in der Hauptsache und stellt die aufschiebende Wirkung des Widerspruchs gegen den Entziehungsbescheid her, sodass das Verbot, Kraftfahrzeuge zu führen, bis zu einer Entscheidung in der Hauptsache außer Kraft gesetzt wird. Diese Vorabentscheidung schafft ein Präjudiz für den Ausgang des Hauptverfahrens. Verbindlich ist dies aber nicht – vor Gericht und auf hoher See ist man bekanntlich in Gottes Hand.

Allein schon aus Zeit- und Kostengründen sollte man die Zweifel der Fahrerlaubnisbehörde an der Eignung zum Führen von Kraftfahrzeugen durch Vorlage eines positiven Gutachtens ausräumen, statt Gerichte und Anwälte mit Widerspruch und Klage zu beschäftigen.

Vorrang des Strafverfahrens

Solange gegen den Inhaber einer Fahrerlaubnis ein Strafverfahren anhängig ist, in dem die Entziehung der Fahrerlaubnis durch das Strafgericht in Betracht kommt, darf die Fahrerlaubnisbehörde den Sachverhalt, der Gegenstand des Strafverfahrens ist, in einem Entziehungsverfahren nicht berücksichtigen. Insbesondere bei Fahrten unter dem Einfluss von berauschenden Mitteln prüft die Justiz zumeist,

- ob lediglich die Ordnungswidrigkeit des Fahrens unter Rauschmitteleinwirkung, § 24a Straßenverkehrsgesetz (StVG), (Geldbuße für Ersttäter von 500 EUR, Fahrverbot von einem Monat und zwei Punkte im Fahreignungsregister) in Betracht kommt (der Betroffene ist in eine Polizeikontrolle geraten) oder
- ob die Straftat der Trunkenheitsfahrt (Geldstrafe in Höhe eines Monatsnettoeinkommens und Entziehung der Fahrerlaubnis für regelmäßig ein Jahr) anzunehmen ist.

Im zweiten Fall liegen neben den im Urin oder Blut festgestellten Wirkstoffen drogenbedingte Fahrfehler und/ oder körperliche Ausfallerscheinungen, die Relevanz für die Fahrtauglichkeit haben, vor (der Beschuldigte ist der Polizei aufgefallen, die entsprechende Beobachtungen gemacht hat). Dieses „Prüfungsverfahren" kann unter andrem wegen Einholung eines Fahrtauglichkeitsgutachtens durch ein gerichtsmedizinisches Institut entsprechende Zeit in Anspruch nehmen.

Bindungswirkung strafgerichtlicher Entscheidungen

Will die Fahrerlaubnisbehörde in einem Entziehungsverfahren einen Sachverhalt berücksichtigen, der Gegenstand der Urteilsfindung in einem Strafverfahren gegen den Inhaber der Fahrerlaubnis gewesen ist, kann sie vom Inhalt des Urteils insoweit nicht abweichen, als es sich auf die Feststellung des Sachverhalts oder die Beurteilung der Schuldfrage oder der Eignung zum Führen von Kraftfahrzeugen bezieht. Existiert ein strafgerichtliches Urteil, in dem der Strafrichter die Eignung des Verurteilten zum Führen von Kraftfahrzeugen trotz beispielsweise Trunkenheitsfahrt mit 1,6 und mehr Promille festgestellt hat, darf die Fahrerlaubnisbehörde denselben Sachverhalt nicht erneut zum Anlass für eine Eignungsüberprüfung nehmen.

Negative MPU – Was nun?

Grundsätzlich stehen nach einer negativen MPU folgende Fragen im Raum:

- Was kann ich nun tun, um ein positives Ergebnis zu bekommen?
- Ist es sinnvoll, sich erneut an den Gutachter zu wenden?
- Gibt es auf dem Rechtsweg über die Anfechtung eines Gutachtens die Möglichkeit, schneller oder einfacher die Fahrerlaubnis wiederzubekommen?
- Welche Strategien sind sinnvoll, um die Fahrerlaubnis so schnell wie möglich wiederzubekommen?

Kontaktaufnahme mit dem Gutachter

Die erneute Kontaktaufnahme mit dem oder den verantwortlichen medizinischen und psychologischen Gutachtern kann nur unter bestimmten Umständen eine sinnvolle Strategie sein. Die Gutachter werden nie eine gutachterliche Entscheidung verändern, wenn keine begründeten und nachvollziehbaren Argumente vorgebracht werden können. Reine Appelle an die Gutachter, dass man dringend auf die Fahrerlaubnis angewiesen sei und dass man schon über 20 Jahre unfallfrei unterwegs gewesen sei, helfen in solchen Fällen nicht weiter. Auch generelle Kritik am Gutachtenverfahren ist hier ebenfalls nicht hilfreich.

Die Gutachter werden nur auf belegbare neue Erkenntnisse reagieren, wodurch eine neue Bewertung der gutachterlichen Entscheidung begründet werden könnte. Im medizinischen Bereich wären dies beispielsweise Erklärungen zu erhöhten Leberwerten durch entsprechende Spezialisten.

Wenn man also sicher ist, dass erhöhte Leberwerte nicht auf Alkoholkonsum zurückzuführen sind, sollte man schnellstmöglich einen Spezialisten (z. B. einen Gastroenterologen bzw. einen Facharzt für Innere Medizin) aufsuchen und über geeignete medizinische Verfahren versuchen, wissenschaftlich fundierte Erklärungen für die erhöhten Leberwerte zu finden.

Neben dem Alkoholkonsum gibt es verschiedene Hintergründe, die für Veränderungen in den Standard-Leber-Laborwerten (GGT, GOT, GPT) verantwortlich sein können. Diese Ursachen dürfen allerdings nicht nur behauptet werden, sondern benötigen auch eine entsprechende Dokumentation durch fachlich kompetente Mediziner. Beispielsweise stellen die neuen Abstinenzdokumentationen über die Kontrolle auf EtG im Urin eine gute Möglichkeit dar, bei problematischen Veränderungen der Leber-Laborwerte trotzdem den Nachweis eines veränderten Alkoholkonsumverhaltens zu liefern.

Leber-Laborwertveränderungen können auch im Nachhinein über EtG-Haaranalysen entkräftet werden, wenn die Haare lang genug sind (mindestens 3 cm = drei Monate) und kein Alkohol konsumiert wurde.

Wenn auffällige Leberlaborparameter schon im Vorfeld bekannt sind, ist es wichtig, über einen längeren Zeitraum solche EtG-Haar- oder Urinanalysen vorzunehmen, um Alkoholverzicht zu dokumentieren und nachzuweisen, dass die veränderten Leberwerte nichts mit Alkoholkonsum zu tun haben.

Ein weiterer wichtiger Punkt ist die Möglichkeit, ein sogenanntes „Gutachtennachgespräch" mit seinen zuständigen Gutachtern zu vereinbaren. Hierbei kann man sich die Gründe für die negative Entscheidung erklären lassen und gegebenenfalls auch Möglichkeiten ansprechen, was man tun kann, wenn tatsächlich Fehler bei der Begutachtung erfolgt sind. Solche Gutachtennachgespräche sind kostenfrei und man kann zusätzliche wichtige Informationen über die Dinge hinaus erfahren, die man dem Gutachten entnehmen kann. Bei welchem Gutachter man dieses Gutachtennachgespräch ansetzt, ist natürlich abhängig davon, in welchem Teilbereich man Fragen hat, die man klären möchte. Allerdings sollte man bei einem solchen Gutachtennachgespräch auf die eigene Gesprächsführung achten, damit man nicht das Gegenteil von dem erreicht, was man eigentlich wollte.

Der Gutachter wird kaum bereit sein, Hilfestellungen, Tipps und genaue Erklärungen zu geben, wenn man ihm mit einer grundsätzlichen Vorwurfshaltung begegnet oder gar versuchen will, ihn von seinem „Irrtum" und seinen vermeintlichen Fehlern zu überzeugen.

Versuchen Sie, die vorhandenen Argumente sach- und fachgerecht vorzutragen. Argumente greifen nur, wenn sie eine Neuorientierung der gutachterlichen Bewertung erlauben oder rechtfertigen.

Wird beispielsweise eine negative gutachterliche Entscheidung damit begründet, dass nur eine unzureichende Aufarbeitung der Hintergründe für die Auffälligkeiten vorhanden ist, kann diesem Punkt nur begegnet werden, wenn man nachvollziehbar erklären kann, warum man in der gutachterlichen Gesprächssituation diese Punkte nicht hat anführen können. Je konkreter und nachvollziehbarer dies vorgetragen wird, umso höher sind die Chancen, dass der Gutachter diese Argumentation aufnimmt und unter Umständen sogar positiv in sein Gutachten übernimmt oder nachträglich eine entsprechende Stellungnahme an die Fahrerlaubnisbehörde übersendet.

Einspruch bei Fahrerlaubnisbehörde

Es besteht die Möglichkeit, mit einem schriftlich formulierten Einspruch gegenüber der Fahrerlaubnisbehörde die eigenen Argumente und Sichtweisen zur gutachterlichen Bewertung vorzutragen. Die Fahrerlaubnisbehörde wird diese Argumente den zuständigen Gutachtern bzw. der Begutachtungsstelle für Fahreignung weiterleiten und von dort eine entsprechende Stellungnahme anfordern. Hier gelten im Grunde genommen die gleichen Voraussetzungen wie bei der direkten Kontaktaufnahme mit den Gutachtern selbst: Ohne sach- und fachgerecht vorgetragene Argumente wird man hier keine Änderungen im verwaltungsrechtlichen Verfahren erzielen können.

Sollte man mit seinen Einwänden zur gutachterlichen Bewertung erfolgreich sein, könnte das Gutachten auch über diesen Weg geändert werden. Die Fahrerlaubnisbehörde selbst könnte theoretisch auch bei einem negativen Gutachten zu einer anderen verwaltungsrechtlichen Bewertung kommen, wenn sie sich nicht der Sichtweise und den Argumenten im Gutachten anschließen würde. Die Verwaltungsbehörde hat die Aufgabe und Verpflichtung, jedes Gutachten in eigener Verantwortung hinsichtlich Nachvollziehbarkeit und logischer Schlüssigkeit (Ordnung) zu überprüfen.

Im Regelfall werden jedoch diese Rahmenbedingungen von den Gutachten formal erfüllt. Die zumeist vorgetragenen Kritikpunkte beziehen sich jedoch auf die spezielle inhaltliche psychologische oder medizinische Bewertung des Falles.

Da den Fahrerlaubnisbehörden die notwendige Fachkompetenz fehlt, wird sie sich nur in ganz seltenen Fällen dazu bewegen lassen, ohne eine entsprechende fachliche Grundlage in Form eines Gutachtens, ihre verwaltungsrechtliche Entscheidung zu ändern. Aus diesem Grunde besteht bei der verwaltungsrechtlichen Vorgehensweise für die Fahrerlaubnisbehörden trotzdem die Notwendigkeit, auch bei berechtigter Kritik an der Nachvollziehbarkeit eines Gutachtens, ein neues Gutachten erstellen zu lassen, auf dessen Grundlage dann die Behörde ihre Entscheidung treffen kann.

Ohne eine Änderung im Gutachten kann man dies normalerweise nur erreichen, indem man die Möglichkeit bekommt, ein neues Gutachten erstellen zu lassen, ohne dass der Antrag auf Neuerteilung der Fahrerlaubnis erneut gestellt werden muss. Eine neue Fahrerlaubnis selbst hat man so allerdings immer noch nicht und ist genauso weit, wie wenn man den Antrag zunächst zurückziehen und anschließend einen neuen Antrag stellen würde. Auch dann hat man wieder die Möglichkeit, eine MPU zu machen und darüber seine Eignung nachzuweisen.

Man investiert somit viel Arbeit und Energie in eine solche Vorgehensweise, ohne dass man anschließend das eigentliche Ziel erreicht hat: nämlich die Fahrerlaubnis wiederzubekommen. Man sollte sich deshalb an einen erfahrenen Verkehrsrechtsanwalt wenden, der zum einen die richtige Argumentationsform und Vorgehensweise kennt und umsetzt und zum anderen auch einschätzen kann, ob eine solche Vorgehensweise überhaupt ratsam ist.

Verwaltungsgerichtsverfahren

Auch von einem Verwaltungsgerichtsverfahren ist abzuraten, das man gegenüber einer Fahrerlaubnisbehörde nach einem ablehnenden Bescheid anstreben kann. Im Regelfall enden solche Verwaltungsgerichtsverfahren bestenfalls in einem Vergleich, der dann so aussieht, dass man eine erneute Begutachtung vornehmen lassen kann. Bis dahin hat man aber unter Umständen ein gutes Jahr Zeit vergeudet.

In vielen Fällen kommt man dem eigentlichen Ziel, so schnell wie möglich seine Fahrerlaubnis zu bekommen, nämlich eher dadurch näher, dass man die Empfehlungen und Hinweise der Gutachter, die in den MPU-Gutachten im Regelfall aufgeführt sind oder mündlich mitgeteilt werden, aufgreift und versucht, diese möglichst schnell und umfassend umzusetzen. Auch hier kann die fachkompetente und erfahrene Sichtweise und Empfehlung eines Verkehrsrechtsanwalts sehr hilfreich sein und dafür sorgen, dass man sich an eine entsprechend kompetente und seriöse Stelle wendet.

Auf den Punkt gebracht

Rechtsstreitigkeiten und Verwaltungsgerichtsverfahren führen im Regelfall nicht zu einem positiven Verwaltungs(-gerichts-)beschluss, sondern eröffnen nur die Möglichkeit einer neuen Begutachtung. Das kann man auch sehr viel leichter mit einer Rücknahme des Antrags auf Neuerteilung der Fahrerlaubnis erreichen. Man verliert dabei keine Zeit und auch kein Geld (wenn man keine Rechtsschutzversicherung hat). Zeit und Geld kann und sollte man besser an anderer Stelle und sehr viel sinnvoller einsetzen.

Wie bereite ich mich auf eine (neue) MPU vor?

Zur Abklärung, was man tun kann und welche Maßnahme für den jeweiligen Einzelfall empfehlenswert ist, ist es sehr hilfreich, sich zunächst mit einem qualifizierten Fachberater in Verbindung zu setzen und ein Beratungsgespräch zu führen. Ziel dieses Gesprächs ist es, die eigene Problemsituation zu klären und festzulegen, was für die MPU notwendig und gefordert ist. Hier gibt es in den verschiedenen Problembereichen entsprechende Maßnahmen und Änderungserwartungen.

> *Im Bereich Alkohol gäbe es z. B. die Frage zu klären, ob eine generelle Alkoholabstinenz gefordert wird oder ob ein kontrollierter und deutlich reduzierter Alkoholkonsum ausreicht. Bei notwendiger Alkoholabstinenz werden dann entsprechende Abstinenzdokumentationen über einen ausreichend langen Zeitraum gefordert.*

Diese Einschätzung, was für die MPU erforderlich ist, kann sicher nur ein erfahrender Fachmann (z. B. ein Verkehrspsychologe) leisten. Er muss dazu mit den Beurteilungskriterien und dem MPU-Verfahren sehr gut vertraut sein. Sonst besteht die Gefahr, dass man viel tut und Zeit und Energie einsetzt, um danach feststellen zu müssen, dass es entweder zu viel, zu wenig oder gar das Falsche war.

Der Fachmann hilft Ihnen bei folgenden Fragen:

- Wo macht man Abstinenzkontrollen am besten und wie viele in welchem Zeitraum?

- Wann ist es überhaupt sinnvoll, die MPU anzugehen?
- Gibt es Abstinenzzeiten, die erfüllt sein müssen?
- Welche Kriterien werden an die Güte und Tiefe der Aufarbeitung gestellt?
- Welche Einstellungs- und Verhaltensänderungen werden erwartet und wie lange müssen diese erfolgreich erprobt und umgesetzt worden sein?

Hier gilt wie überall im Leben: Eine gründliche und ordentliche Vorbereitung und Planung ersparen eine Menge Ärger und Nacharbeiten.

Eine Teilnahme an einer verkehrspsychologischen Beratungsmaßnahme ist nicht zwingend erforderlich für das Bestehen einer MPU, sie erhöht jedoch die Chancen deutlich.

Welche MPU-Berater/-Beratungen sind empfehlenswert?

Rund um die MPU gibt es eine Vielzahl von Angeboten – und es ist manchmal schwierig, das richtige auszuwählen. Im Folgenden finden Sie einige Kriterien, die Ihnen bei der Auswahl geeigneter Personen oder Einrichtungen helfen können. Sie unterstützen Sie auch dabei, seriöse von eher unseriösen Anbietern zu unterscheiden.

- Sehen Sie sich die fachliche Qualifikation der Berater und Therapeuten genau an, z. B. Diplom- oder Masterabschluss in Psychologie , die eine spezielle verkehrspsychologische

Ausbildung haben, wie man sie beispielsweise auch für die Anerkennung als verkehrspsychologischer Berater nach § 71 Fahrerlaubnis-Verordnung (FeV) oder als Moderator zur Durchführung von Fahreignungsseminaren nach § 42 Fahrerlaubnis-Verordnung (FeV) zum Punkteabbau benötigt. Solche Fachpsychologen sind auch daran erkennbar, dass sie als „Fachpsychologen für Verkehrspsychologie" ausgewiesen sind.

- Auch andere Berufsgruppen können qualifizierte Angebote liefern (z. B. Diplom-Sozialarbeiter), die jedoch in den betreffenden Bereichen Erfahrungen und Zusatzqualifikationen haben sollten (z. B. suchttherapeutische Ausbildungen).
- Ehemalige Gutachter, die in den beratenden Bereich gewechselt sind und damit detailliertere und tiefer gehende Vorkenntnisse zu den Kriterien und Anforderungen bei der MPU haben, sind meist auch empfehlenswert.
- Achten Sie auf klare Kosten- und Leistungstransparenz. Anbieter, die mit Erfolgsquoten werben oder „Durchkomm- oder Geld-zurück-Garantien" geben, sind mit Vorsicht zu genießen – besonders dann, wenn damit überhöhte Preise verbunden sind. Gleiches gilt bei übertriebener Angstmacherei vor der MPU. Damit soll meist nur die Bereitschaft geschürt werden, fast jeden Preis zu zahlen. Der gesamte Auftritt (Räume, Werbematerial, Internet) muss Seriosität und Qualität vermitteln.
- Es gibt Organisationen, Einzelberater oder auch Zusammenschlüsse von MPU-Beratern, die sich fachlich austauschen und unterstützen: Die Träger, die auch Kurse nach § 70 Fahrerlaubnis-Verordnung (FeV) anbieten, werden

durch die Bundesanstalt für Straßenwesen BASt regelmäßig auf ihre Qualitätsstandards überprüft und haben eigene Qualitätsmanagementsysteme eingeführt. Dies bürgt auch in der MPU-Vorbereitung für qualitativ gute Maßnahmen. Bei vielen Trägern sind außerdem ehemalige Gutachter aktiv, die über ein sehr gutes Spezialwissen verfügen. Eine Liste der aktuell anerkannten Träger findet sich auf der Homepage der Bundesanstalt für Straßenwesen BASt: https://www.bast.de/VerhaltenundSicherheit/Qualitätsbewertung/Begutachtung. Auf dieser Homepage findet man auch unter https://www.bast.de/VerhaltenundSicherheit/Fachthemen/MPU-Informationen weitere nützliche Informationen zur MPU und zur MPU-Vorbereitung. Als unabhängige staatliche Bundesanstalt erhält man hier objektive und fundierte Fachinformationen.

- Auf der Homepage des TÜV-Verbandes findet man auch Links zu den anerkannten §-70-Schulungsträgern, die im TÜV-Verband organisiert sind, und die nur mit ausgebildeten Verkehrspsychologen arbeiten:
  https://www.tuev-verband/mobilitaet/mensch/mpu.
- Die aufgeführten Fachpsychologen verfügen über entsprechende Qualifikationen und unterscheiden sich in der fachlichen Qualität sehr deutlich von allgemeinen „MPU-Beratern“ oder „verkehrspädagogischen Beratern“. Jeder darf sich so nennen – diese Begriffe sind keine Qualitätsmerkmale.

Bei der Auswahl des MPU-Beraters ist es wichtig, auf dessen Qualifikation zu achten. Hier sind besonders Fachpsychologen in Fachorganisationen oder Einzelpraxen zu empfehlen.

- Neben Einzelberatungen können auch Gruppenberatungen bzw. Kurse sinnvoll sein. Gruppenmaßnahmen sind in der Regel etwas preisgünstiger, können aber den Nachteil haben, dass auf einzelne Teilnehmer weniger eingegangen werden kann. Die Vorbereitung auf die MPU kann damit unter Umständen weniger intensiv sein, was man aber durch häufigere Besuche oder durch zusätzliche Einzelmaßnahmen wieder ausgleichen kann.
- Seriöse MPU-Berater bearbeiten die Hintergründe der Auffälligkeiten und geben keine vorgefertigten Geschichten, mit denen Betroffene den Gutachtern gegenüber als „Schauspieler" auftreten sollen. Keine solcher Geschichten sind frei von Widersprüchen, die von den Gutachtern schnell erkannt werden.
- Selbst wenn man es schafft den Gutachter zu täuschen mit der Schauspielerei und die Fahrerlaubnis wieder bekommt, stellt sich sofort die Frage, wie lange man die Fahrerlaubnis dann behält und was alles wieder passieren kann?

Je nach Ausmaß können bei Alkohol- wie bei Drogenproblemen stationäre oder ambulante Therapien notwendig werden. Hier reicht die Unterstützung über eine qualifizierte MPU-Beratung nicht mehr aus.

Erneute MPU nach Rückfall

Die Fahrerlaubnisbehörde ordnet eine medizinisch-psychologische Untersuchung an, wenn der Betreffende wiederholt Zuwiderhandlungen im Straßenverkehr unter Alkoholeinfluss begangen hat. Zählt dazu auch eine (erneute) Alkoholfahrt nach positiver MPU und Neuerteilung der Fahrerlaubnis?

Die Fahrerlaubnisbehörde darf jederzeit ein erneutes Eignungsgutachten fordern, wenn der Betroffene – auch nach erfolgreicher MPU – erneut auffällig wird. Dabei ist zu beachten, dass bei einem erneuten Gutachten alle Gegebenheiten und Umstände der Vergangenheit zur Bewertung herangezogen werden dürfen. Es ist nicht so, dass ein für den Betroffenen günstiges Fahreignungsgutachten zur Folge hat, dass vor seiner Erstellung liegende Umstände bei späteren fahrerlaubnisrechtlichen Maßnahmen nicht mehr berücksichtigt werden dürften. Selbst der behördliche Rechtsakt der Neuerteilung der Fahrerlaubnis hat kein Verbot des Rückgriffs auf vor diesem Zeitpunkt liegende Ereignisse zur Folge.

Einer bloß vorbereitenden Maßnahme, wie es ein Fahreignungsgutachten darstellt, kann diese Rechtswirkung umso weniger zukommen. Die Einschätzung des Fahreignungsgutachtens, das zu dem Ergebnis kam, es sei keine weitere Autofahrt unter Alkoholeinfluss zu erwarten, war somit falsch. Der Inhalt des gesamten Gutachtens der ersten MPU wird dem erneut zu Untersuchenden vorgehalten. Seine Angaben werden anhand der erneuten Auffälligkeit kritisch hinterfragt werden.

Setzen Sie sich im Falle einer zweiten MPU-Begutachtung mit dem Inhalt des ersten Gutachtens auseinander. Seien Sie auf Fragen zu Ihren damaligen Angaben gefasst.

MPU nach Verstößen in der Probezeit

Ein Fahranfänger begeht innerhalb der Probezeit Verkehrsverstöße. Welche Konsequenzen hat das?

Nach dem ersten Delikt verlängert sich die Probezeit von zwei auf vier Jahre und die Fahrerlaubnisbehörde ordnet ein Aufbauseminar an. Dieses besteht aus neun Stunden Nachschulung und einer Fahrprobe. Im Rahmen des Aufbauseminars werden die Auffälligkeiten besprochen und Wege zur zukünftigen Vermeidung aufgezeigt. Die Kosten belaufen sich je nach Anbieter und Region auf etwa 250–500 EUR.

Waren bei dem Verstoß Alkohol oder Drogen im Spiel, wird ein besonderes Aufbauseminar angeordnet. Dieses besondere Aufbauseminar darf nur von speziell als Seminarleiter anerkannten Verkehrspsychologen durchgeführt werden. Hier liegen die Kosten je nach Anbieter zwischen 350 und 500 EUR.

Ein Aufbauseminar oder ein besonderes Aufbauseminar darf nur alle fünf Jahre einmal besucht werden. Wer als Fahranfänger anschließend bei einem weiteren Verstoß erwischt wird, erhält eine schriftliche Verwarnung mit der Anregung der freiwilligen Teilnahme an einer verkehrspsychologischen Beratung innerhalb von zwei Monaten. Begeht der Fahranfänger nach diesen zwei Monaten einen dritten Verstoß, wird die Fahrerlaubnis entzogen. Eine neue Fahrerlaubnis darf frühestens drei Monate nach Abgabe des Führerscheins erteilt werden. Sobald der Inhaber einer Fahrerlaubnis innerhalb der neuen vierjährigen Probezeit erneut einen Verkehrsverstoß begeht, hat die Fahrerlaubnisbehörde die Beibringung eines MPU-Gutachtens anzuordnen.

Für Maßnahmen in der Probezeit sind nur Verkehrsverstöße relevant, die in das Fahreignungsregister eingetragen werden (regelmäßig Entscheidungen mit Geldbußen ab 60 EUR). Deshalb sollte man vor Gericht versuchen, eine Verurteilung zu einer Geldbuße im nicht eintragungsfähigen Bereich (unter 60 EUR) zu erreichen.

MPU-Umgehung durch EU-Fahrerlaubnis?

„EU-Führerschein schnell, unkompliziert und ohne MPU in Polen" – so werben auch heute noch Anbieter. Dies hat folgenden Hintergrund: Nach § 28 Abs. 4 S. 1 Nr. 3 der am 1.1.1999 in Kraft getretenen Fahrerlaubnis-Verordnung (FeV) galt und gilt die Berechtigung, Kraftfahrzeuge in Deutschland zu führen nicht für Inhaber einer EU- oder EWR-Fahrerlaubnis, denen die Fahrerlaubnis im Inland von einem Gericht oder von einer Verwaltungsbehörde entzogen worden ist, denen die Fahrerlaubnis versagt worden ist oder die auf die Fahrerlaubnis verzichtet haben.

Mit Entscheidung des Europäischen Gerichtshofes (EuGH) vom 29.4.2004 wurde dies als europarechtswidrig angesehen. Ausgangspunkt dieser und folgender Entscheidungen ist die Verpflichtung der Mitgliedstaaten zur gegenseitigen Anerkennung einer in einem anderen Mitgliedstaat erteilten Fahrerlaubnis. Diese grundlegende Regelung dient der Freizügigkeit innerhalb der EU und soll sicherstellen, dass jeder Bürger, der seinen Wohnsitz in ein anderes Land der EU verlegt, davon ausgehen kann, dass seine Fahrerlaubnis dort ohne weitere Formalität anerkannt wird. Daraus entstand der sog. Führerscheintourismus. Dieser wird definiert als Erwerb einer Fahrerlaubnis in einem Mitgliedstaat der EU/des EWR unter Begründung eines ausländischen Scheinwohnsitzes mit dem Ziel, von dieser ausländischen Fahrerlaubnis in einem Mitgliedstaat (nach dortiger Entziehung der Fahrerlaubnis und unter Umgehung der dort geltenden Vorschriften zur Wiedererteilung der Fahrerlaubnis) Gebrauch zu machen. Da dies zu erheblichen Risiken für die Verkehrssicherheit geführt hat, kam es in der Folge zu zahlreichen Entscheidungen des EuGH, mit denen die grundsätzliche gegenseitige Anerkennung von Führerscheinen eingeschränkt wurde. Nämlich wenn die Fahrerlaubnis

- während des Laufs einer strafrechtlichen Sperrfrist oder eines Fahrverbots erteilt wurde oder
- nach Ablauf der strafrechtlichen Sperrfrist erteilt wurde, sich aber aufgrund von Angaben im Führerschein selbst (Wohnort in Deutschland) oder anderen vom Ausstellermitgliedstaat herrührenden Informationen feststellen lässt, dass die Wohnsitzvoraussetzung zum Zeitpunkt der Ausstellung des Führerscheins nicht erfüllt war.

Die wesentliche Regelung im deutschen Recht betreffend die Inlandsgültigkeit von Fahrerlaubnissen aus EU- oder EWR-Staaten geht aber im §28 Abs. 4 S. 1 Nr. 3 Fahrerlaubnis-Verordnung (FeV) darüber hinaus. Danach gilt die Berechtigung für Inhaber einer gültigen EU- oder EWR-Fahrerlaubnis, Kraftfahrzeuge in der Bundesrepublik Deutschland zu führen, ferner nicht

- wenn Ihnen die Fahrerlaubnis von einer Verwaltungsbehörde entzogen worden ist,
- wenn Ihnen die Fahrerlaubnis versagt worden ist oder
- wenn Ihnen die Fahrerlaubnis nur deshalb nicht entzogen worden ist, weil sie zwischenzeitlich auf die Fahrerlaubnis verzichtet haben.

Die vorgenannten drei weiter geregelten Varianten stehen nicht in Einklang mit der Rechtsprechung des EuGH und sind daher europarechtswidrig.

Der EuGH hat in mehreren Entscheidungen betont, dass die Nichterfüllung der nationalen Voraussetzungen nicht dazu führen darf, die Anerkennung von Fahrerlaubnissen anderer EU-Mitgliedstaaten auf unbegrenzte Zeit zu verweigern.

Aus den Entscheidungen des EuGH folgt, dass der Ausstellerstaat durch die Erteilung einer Fahrerlaubnis und darauf aufbauend eines gültigen Führerscheins zum Ausdruck gebracht hat, dass die dortigen Voraussetzungen für die Ausstellung vorgelegen haben. Diese Fahrerlaubniserteilung stellt eine zeitliche Zäsur dar, die es ausschließt, dass vor diesem Zeitpunkt verwirklichte Umstände von einem späteren Aufenthaltsstaat als Anlass für Fahreignungszweifel verwendet werden dürfen.

In der Praxis der deutschen Justiz (Polizei, Staatsanwaltschaften und Gerichte) begegnen Inhaber einer (gültigen) EU- oder EWR-Fahrerlaubnis, denen die Fahrerlaubnis im Inland einmal entzogen worden ist, stets großer Skepsis. Häufig kommt es zunächst zur Beschlagnahme des EU- oder EWR-Führerscheins durch die Polizei und Einleitung eines Ermittlungsverfahrens wegen Verdachts des Fahrens ohne Fahrerlaubnis. Nicht selten kommt es auch zu Verurteilungen, die dann in der Rechtsmittelinstanz zwar aufgehoben werden, bis dahin darf aber von der gültigen EU- oder EWR-Fahrerlaubnis kein Gebrauch gemacht werden.

Aus Sicht der Autoren ist nach Verlust des Führerscheins der Weg zurück zu einer rechtssicheren Fahrerlaubnis über eine bestandene MPU die weitaus bessere Entscheidung. Zumal neben den beschriebenen juristischen auch andere Problemstellungen auftauchen können (beispielsweise im beruflichen Kontext), wenn man eine ausländische Fahrerlaubnis jüngsten Datums vorlegt.

Fachliteratur und Internetfundstellen

Alle relevanten Fakten und Rahmenbedingungen sowie die Prüfgrundlagen mit den eingesetzten Beurteilungskriterien sind recht einfach nachzuverfolgen und veröffentlicht. Wer sich also in diese Themen noch intensiver einarbeiten möchte, kann dies über die angegebene wichtigste Literatur und Internetadressen tun:

- Fahrerlaubnis-Verordnung FeV: https://www.gesetze-im-internet.de/fev_2010
- Richtlinie über die Anforderungen an Träger für Begutachtungsstellen für Fahreignung (§ 66 FeV) und deren Begutachtung durch die Bundesanstalt für Straßenwesen. https://www.bast.de (dort unter VerhaltenundSicherheit/Qualitätsbewertung/Begutachtung)
- Liste aller aktuell anerkannten Träger von Begutachtungsstellen für Fahreignung: https://www.bast.de (dort unter VerhaltenundSicherheit/Qualitätsbewertung)
- Liste aller aktuell anerkannten Begutachtungsstellen nach PLZ und Träger: http://www.bast.de (dort unter VerhaltenundSicherheit/Qualitätsbewertung).

Offizielle Begutachtungsleitlinien und theoretische Grundlagen der MPU mit Kommentierung:

- Schubert, W.; Huetten, M.; Reimann, C.; Graw, M. (Hrsg.). Begutachtungsleitlinien zur Kraftfahrereignung – Kommentar. Überarbeitete und erweiterte 3. Auflage 2018. Bonn. Kirschbaum Verlag.

Detaillierte Darstellung der offiziellen MPU-Beurteilungskriterien:

- Deutsche Gesellschaft für Verkehrspsychologie (DGVP) und Deutsche Gesellschaft für Verkehrsmedizin (DGVM) (Hrsg.). Urteilsbildung in der Medizinisch-Psychologischen Fahreignungsdiagnostik – Beurteilungskriterien, 4. Auflage 2022. Bonn. Kirschbaum Verlag.

Rechtliche Rahmenbedingungen und Fahrerlaubnisrecht:

- Patermann, A.; Schubert, W.; Graw, M. (Hrsg.). Handbuch des Fahrerlaubnisrechts. 2015. Bonn. Kirschbaum Verlag.

Rechtliche Problemfelder und Hilfestellungen bei sonstigen körperlichen Erkrankungen:

- Hoffmann-Born, H.; Peitz, J. Arzthaftung bei problematischer Fahreignung, 2. Auflage 2008. Bonn. Kirschbaum-Verlag
- Brieler, P.; Kollbach, B.; Kranich, U.; Reschke, K.; Ludwig, M. Leitlinien verkehrspsychologischer Interventionen + Verkehrstherapie. 2021. Bonn. Kirschbaum Verlag.

Ergebnisse der MPU-Evaluation:

- Hilgers, N.; Ziegler, H.; Rudinger, G.; DeVol, D.; Jansen, J.; Laub, G.; Müller, K.; Schubert, W. EVA-MPU – Zur Legalbewährung alkoholauffälliger Kraftfahrer nach einer medizinisch-psychologischen Untersuchung (MPU). ZVS Zeitschrift für Verkehrssicherheit. Sonderdruck zum Verkehrsgerichtstag 2012, 58. Jahrgang 2012. Bonn. Kirschbaum Verlag.

Stichwortverzeichnis

S

T

V

W

Die Autoren

Uwe Lenhart

Jahrgang 1968, Rechtsanwalt, Spezialist für Verkehrsstrafrecht, Fachanwalt für Verkehrsrecht, Fachanwalt für Strafrecht, Mitglied des Fachausschusses Verkehrsrecht der Rechtsanwaltskammer Frankfurt am Main.

ul@ll-anwaelte.de, https://www.ll-anwaelte.de

Horst Ziegler

Jahrgang 1959, Diplom-Psychologe, Fachpsychologe für Verkehrspsychologie und Supervisor BDP, im TÜV Hessen fachlich und organisatorisch verantwortlich für 15 Begutachtungsstellen für Fahreignung und Vorsitzender der Kommission Verkehrspsychologie und Verkehrsmedizin im TÜV Verband.

horst.ziegler@tuevhessen.de, https//www.tuev-hessen.de

Impressum:
Verlag C. H. Beck im Internet: www.beck.de
ISBN: 978-3-406-80437-3
E-Book ISBN: 978-3-406-80438-0

Wilhelmstraße 9, 80801 München
Satz: Fotosatz Buck, 84036 Kumhausen
Druck und Bindung: Beltz Bad Langensalza GmbH
Am Fliegerhorst 8, 99947 Bad Langensalza
Umschlaggestaltung: Ralph Zimmermann – Bureau Parapluie
Umschlagbild: © zhang bo – istockphoto.com

chbeck.de/nachhaltig

Gedruckt auf säurefreiem, alterungsbeständigem Papier
(hergestellt aus chlorfrei gebleichtem Zellstoff)